穿越时空的飞行器

王渝生　主编

中国大百科全书出版社

图书在版编目（CIP）数据

穿越时空的飞行器 / 王渝生主编 . -- 北京 ： 中国
大百科全书出版社，2025. 1. -- ISBN 978-7-5202-1751-4

Ⅰ . V47-49

中国国家版本馆 CIP 数据核字第 2025GM4619 号

出　版　人：刘祚臣
责任编辑：黄佳辉
责任校对：张恒丽
责任印制：李宝丰
出　　　版：中国大百科全书出版社
地　　　址：北京市西城区阜成门北大街 17 号
网　　　址：http://www.ecph.com.cn
电　　　话：010-88390718
图文制作：北京杰瑞腾达科技发展有限公司
印　　　刷：唐山富达印务有限公司
字　　　数：100 千字
印　　　张：8
开　　　本：710 毫米 ×1000 毫米　　1/16
版　　　次：2025 年 1 月第 1 版
印　　　次：2025 年 1 月第 1 次印刷
书　　　号：978-7-5202-1751-4
定　　　价：48. 00 元

编委会

目录

第一章

穿越时空的飞行器

人类飞上天的三种方式

"想飞上天，和太阳肩并肩……"飞天，一直是深藏在人类心中的一个梦想。因为这个梦想，我们逐渐有了纸鸢，有了氢气球，有了现代飞行器。不论你相信与否，截至目前，人类飞上天的方法其实只有三种。

变得比空气更轻

在标准状况下，空气的平均相对分子质量为 29，只要物体的分子量比空气更小，它就能在空中飘起来。如果某个物体足够轻，甚至能把人带飞，如氢气球、氦气球等。

在人类的飞行器发明史中，有很多这方面的实例。

中国第一个氢气球由晚清军工专家华蘅芳制造。在今天的人们看来，华蘅芳当时所采用的氢气球制造方法十分简陋，即利用强酸和金属反应产生氢气，再将氢气充入气球内。

我们熟悉的热气球则利用热空气代替比空气更轻的氢气或氦气。由于气体的密度与绝对温度成反比，

> **热膨胀**
>
> 在压力不变的条件下，绝大多数物体在受热温度升高后，长度、面积、体积比温度低时增加，这就是热膨胀。热膨胀是主要的热现象。自行车在夏季时，车胎不能打气过足，以免在阳光照射下胎内空气因热膨胀致使车胎爆裂。

因此，可以通过升高气温来减小气体的密度和质量，达到比空气轻的目的。古老的孔明灯采用的就是这种原理，它也是最早出现的热气球。

氢气球也好，热气球也罢，二者虽然都能飞起来，却有一个致命缺点，那就是人们难以控制其飞行方向。为了更好地控制在空中

清末的插画《武备学堂演放气球》描绘了华蘅芳等人试制的气球升空的情景

的姿态和飞行方向，同样基于"变得更轻"的思想，人们设计、制造了飞艇。

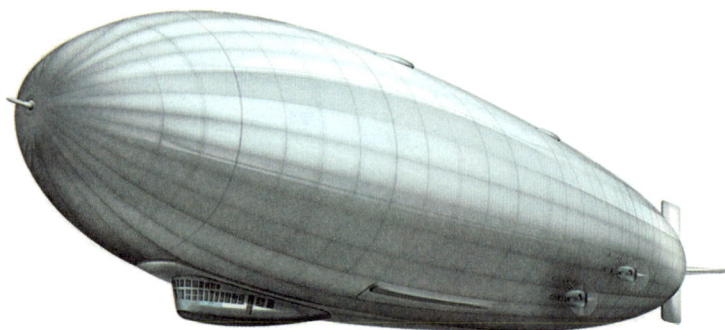

飞艇

氢气

非金属元素，化学符号为 H。是最轻的元素，也是宇宙中含量最丰富的元素之一，广泛存在于星体和星际的气体中，质量只有空气的 1/14。氢元素的单质是氢气。氢气是双原子分子，为无色无臭的气体，是所有气体中最轻的，可用于填充氢气球。氢气有可燃性，与空气、氧气、氯气等助燃气体在一定体积比下混合可能发生爆炸，因此在使用氢气前必须进行纯度的检验。

实验室里制取较多氢气时常使用启普发生器。工业上制备氢气可采用电解水或水煤气法。液态氢可作为燃料。与石油、煤等有限的传统资源相比，氢气是一种来源广泛、热值高的清洁能源。

人们把比空气更轻的气体（一般使用安全性更好的氦气）充入飞艇内部，用以提供升力；然后，在飞艇上安装发动机，为其水平移动提供推行动力，并借此控制飞行姿态。

制造空气压差

当物体在空中飞行时，使上表面空气流速大于下表面的空气流速，形成空气压差，也是实现飞行的一种方法。

当上下表面存在空气压差时，物体就可以获得一个升力；如果这个升力大到足够克服地球引力，物体就可以离开地面。

鸟类就是利用空气压差来飞行的。鸟类天生具有适合飞行的身体条件：巧妙运用空气动力学的翅膀、由坚硬轻细的中空骨骼构成的骨架结构、发达的胸肌、独特的呼吸系统以及轻而柔滑的羽毛等。

鸟类能够飞行的主要原因是它们掌握了制造空气压差的飞行技巧。当鸟儿在空中滑翔时，空气在翅膀上、下部间形成压强差，产生一个向上的升力，从而可以把鸟儿托在空中，而不至于使它们往下掉。

达·芬奇的扑翼飞机图纸

除此之外，鸟类会采用积极主动的扑翼飞行来产生一定的气动升力。鸟类的翅膀在扑动时，相当于飞机的螺旋桨或喷气推进装置，使自身可以持续保持飞行状态。

其实，在人类早期的飞行尝试中，鲁班制造的木鸟、达·芬奇的扑翼飞机都试图模仿鸟儿的飞行状态来实现升空的目的，但他们的飞行计划均以失败告终，原因就在于缺乏对空气动力学原理的认知，盲目模仿鸟类翅膀的几何外形和扑动形式。

当人们开始了解空气动力学原理并研制出像风筝一样的固定翼飞行器时，成功飞天的现代交通工具——飞机得以诞生。飞机和风筝的飞行原理相同，都是通过机翼上下表面的气流速度不同，制造空气压差，进而获得升力。

总而言之，不管是鸟类、风筝、喷气式飞机，还是直升机，都是通过制造气压差的方法飞行的；只不过，它们获得上升条件的形式不一样。

向下喷射物质

假如我们飞天的目标是冲出地球，那么，前两种方法也许就不太适用了。因为太空中是一个失重环境，基本没有空气，也制造不了气压差。所以，需要借助其他力量实现飞行。

对于火箭来说，由于其内部不仅携带了燃料，也携带了氧化剂，因此发动机不需要空气的助力也可以正常工作。

燃料和氧化剂在发动机燃烧室里燃烧，产生大量高压气体，这些气体从发动机喷管高速喷出，火箭因此获得一个与气体喷射方向相反的作用力，得以升空飞行。

其实，早在 17 世纪，对于这种向下喷射物质实现飞行的方法，牛顿就进行了很清晰的描述："如果以一定速度向后抛出一定质量，就会受到一个反作用力的推动，向前加速。"

在现代航空航天器的设计过程中，为了实现更高的飞行目标，设计师们并不单纯地使用这三种飞天方法中的某一种来构建飞行器，而是将它们综合起来应用。如超声速飞机为了获得更快的飞行速度，还会采用向后喷射物质的冲压发动机。

虽然目前人类已经掌握的飞行方式无外乎上面提到的这三种，但在不远的未来，或许会出现更多切实可行的飞上天的办法。

最初的热气球用亚麻布和纸糊成，气囊的密封性差。后来采用浸橡胶的优质薄布和丝绸制造气球，提高了强度和密封性能，氢气球和氦气球才得以发展。现代气球主要采用乳胶、塑料薄膜（主要是聚乙烯薄膜）、凯芙拉和碳纤维复合材料，质地轻而坚韧，使用寿命也有了很大提高。自由气球多做成球形以减轻重量，在气囊壁面上用高强度的条带和绳索加强，并喷涂防老化保护层。载人高空气球的吊舱需要密封并增压，舱内装有各种仪表、氧气瓶和科学研究用的设备。

气球的材质

天似穹庐，笼盖四野。我们的活动版图里不应缺少天空。对于人类来说，天上有太多未知的事物，当我们努力消除这些未知时，人类的文明将得到极大的发展。

你乘坐过热气球吗？想尝试一下吗？

图中是高空科学气球上升至上层大气时的状态。完全充气时，这些气球有150米宽，大约为一个足球场大小，能够到达40千米的高度。

从古玛雅 "黄金飞机" 说起

同济大学航空与力学学院师生仿制并试飞成功了一款不同寻常的飞行器——古代玛雅时期的 "黄金飞机"。

古代有飞机吗？古人为何会制造出和现代飞行器类似的飞机？目前文献中记载了怎样的古代人类飞行器的相关情况？神秘的古代飞机到底是什么样的？

本文将对此一一解答。

古埃及：法老的直升机与木鸟

"法老的直升机"

1848 年，一名考古探险家在古埃及阿比杜斯城塞蒂神庙入口横梁上发现了一些稀奇古怪的图像。当时，人们脑海中还没有飞机的概念，自然也没人知道那些飞机状象形图描绘的是什么。于是，这些古怪的图像随着时间的流逝渐渐被世人遗忘。直到 20 世纪末，现代考古学家才惊讶地发现，那些 3000 年前的古埃及雕刻图像竟然是现代直升机的模样。神庙墙壁上雕刻的武装直升机图像拥有明显的螺旋叶片和垂直尾翼，另外几个航空器图像也极像现代的超声速战斗机和轰炸机。

据史料记载，3000 多年前，统治古埃及的是著名的法老塞蒂一世，他统领的军队所向披靡，大大扩张了古埃及领土。这些石刻中的图案被史学家称为古埃及"法老的直升机"。

3000 多年前的古埃及人怎么可能会画出直升机和飞机图像呢？关于这一问题，在考古学界曾引发了激烈的争议。埃及考古学家艾尔福德在研究了塞蒂神庙上的象形文字后认为，古埃及艺术家描绘的"直升机"或"飞机"都是真实存在的。他表示，古埃及人描绘的是一个真实

古埃及及其象形文字

"埃及"一词由古希腊语演变而来，埃及历史悠久，是四大文明古国之一。古埃及象形文字是古代埃及人创造的文字。象形文字是从图画符号演变而来的文字，单个的象形文字一词源于希腊单词"神圣的雕刻"，其组成的系统即为象形文字。象形文字的书写载体多样，多刻画在石碑、石柱、神庙墙壁等石质建筑或纸莎草等载体上。你对象形文字感兴趣吗？可以试着深入了解一下哦！

第 6 王朝阿提石墓上的假门

的直升机模型，就像他们经常用图画描述日常生活一样。反对者则认为，塞蒂一世法老有个绰号叫"蜜蜂"，古埃及神庙墙壁上描绘的不过是一只蜜蜂的图形而已，他们无论如何也不相信3000多年前的古埃及人竟然看到过20世纪才发明的直升机。

第18王朝法老图坦哈蒙金棺

　　时至今日，有关"法老的直升机"的争论仍在继续，一些研究人员始终坚信，古埃及人是通晓航空学知识的，并且学会了飞行，但后来这一知识不知为何失传了。还有历史学家宣称，古埃及神庙上描述的奇怪飞行器事实上是人类历史上最早的飞行器。他们甚至根据这些图案制造了静态模型，并发现许多模型都符合空气动力学原理，能够在风洞中"飞翔"。

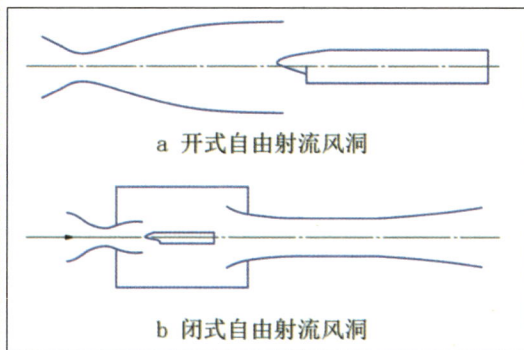

a 开式自由射流风洞

b 闭式自由射流风洞

自由射流风洞

风洞

　　风洞是进行空气动力试验最常用、最有效的工具，它用于研究飞行器的空气动力学基本规律，以验证和发展有关理论，并直接为各种飞行器的研制服务。

木鸟模型

1898 年，在一座 4000 多年前的古埃及坟墓里，人们发现了一个与现代飞机极为相似的物品——木鸟模型。其材质为古埃及盛产的无花果树，重量很轻，只有 30 克左右。该模型除头部似鸟外，其他部分与现在的单翼飞机极为相近：有一对平展的机翼，修长的机身，尾部设置有垂直尾翼，垂直尾翼上方还有平直尾翼脱落的痕迹。由于当时人们脑海中尚无飞机这一概念，便把它命名为"木鸟模型"。古埃及木鸟模型目前存放在开罗古物博物馆第 22 室，物品登记编号为 6347。

古埃及木鸟模型

1969 年，考古学家米沙博士在博物馆的古代遗物仓库里发现了更多的木鸟模型。为了弄清木鸟模型的庐山真面目，米沙博士建议埃及文化部组成特别委员会深入开展调查研究。

1971 年 12 月，一支由考古学家、航空史学家、空气动力学家和飞行员组成的委员会开始对这架木鸟模型进行研究。经鉴定，大多数专家认为，该木鸟模型在外形上具有现代飞机的基本特征：流线型机身、上单翼、近似锥形的鸟头状机头、垂直尾翼；各部件比例协调，再加上脱落的平直尾翼，完全符合现代飞机的基本构造。在气动性能方面，主机翼提供升力，尾翼和机翼分别提供飞机俯仰、横滚及航向上的稳定性，符合空气动力要求。随后的风洞与飞行模拟试验还表明，该木鸟具有良好的滑翔飞行性能。

仿生学的研究范围非常广泛，包括：①力学仿生，例如模仿海豚皮肤结构用橡胶或硅树脂制成的人工海豚皮包覆在船舰外壳，可以提高航速，减少能耗。②化学仿生，例如按照害虫舞毒蛾雌虫的外激素的结构，合成出一种类似物，可以诱捕雄蛾。③能量仿生，例如植物的光合作用，肌肉运动，某些蘑菇、萤火虫和深海中某些鱼类所发的冷光，都是吸引科学家研究的课题。④神经仿生，主要研究神经系统中的信息处理。这方面的研究是仿生学研究的主流。

仿生学

古玛雅：千年前的超声速飞机

玛雅人的"黄金飞机"

玛雅文明是 1500 年前分布于南美洲的丛林文明。虽然处于新石器时代，但在天文学、数学、农业、艺术及文字等方面都有极高的成就。然而，在 900 年前，玛雅文明突然神秘消失，为后人留下了许多不解之谜。

18 世纪，人们在哥伦比亚玛雅文明遗址中发现了一个极像现代飞机的黄金制品。当时的考古学家认为，这是一种以鸟或鱼为原型制作的饰物，并没有给予其更多的关注。到了 20 世纪末，人们在厄瓜多尔南部一座教堂和地下隧道中，又先后发现了两个用黄金制成的类似物品。经航空专家认真辨认和研究，得出了完全不同于前人的结论。他们认为，那是一种飞机模型，与现代飞机模型极为相似。

元素符号 Au，原子序数 79。金早在古代就已被发现。元素符号来源于拉丁文 aurum，原意是"光辉的黎明"。古埃及于公元前 3000 年已采集黄金，制作饰物。中国古代就用金与银的合金做装饰品。

金

这种"飞机"的"机头"有些笨拙，后面是"驾驶舱"，由一个防风墙保护着，推进系统装在"机身"里，两个对称的水平机翼呈三角形，再加上两个水平安定面尾翼和一个垂直尾翼，就构成了一架完全符合空气

玛雅文明

玛雅文明基本上属新石器时代。居民主要从事刀耕火种的农业，作物以玉米、豆类和块茎类植物为主，善修梯田。手工制品有各种陶器、棉纺织品等。玛雅人使用二十进位制，并且使用"零"的概念；创立了圣年历和太阳历两种纪年方法。图画式的象形文字是玛雅文明的杰出成果。玛雅人的建筑以布局严谨、结构宏伟著称，其金字塔式台庙内以碎石和泥土堆成，外铺石板或泥砖，设有石砌梯道通往塔顶庙宇。雕刻、彩陶、壁画等皆有很高的艺术价值，著名的博南帕克壁画是世界壁画艺术的宝藏之一。

动力学的飞机模型。根据这些模型画出的三视图（机械制图中"俯视图""侧视图"和"前视图"的统称），看上去同现代飞机确实非常相似。

更令人称奇的是，在南美另一处约238米深的地下，人们也挖出了一个用黄金铸

想不想乘坐热气球俯瞰太阳金字塔？

造的古玛雅"黄金飞机"模型，它与现代的 B-52 轰炸机十分相像。这个物件不但设计精巧，而且具有飞行性能。

超声速的鼻祖

1956 年举办的一场前哥伦布时期的黄金展中展出了一个拥有三角

声速

声速是声波在介质中的传播速度，又称音速。通常用符号 c 表示。从本质上讲，声速是介质中微弱压强扰动的传播速度。

声速在几种介质中的数值

介质	温度（℃）	声速（m/s）
空气	0	313.3
氢	0	1 286
氧	0	317.2
水	15	1 450
铅	20	1 230
铝	20	5 100
铜	20	3 560
铁	20	5 130
花岗石*		6 000
硬橡皮*		54

* 声速值与温度基本无关。

翼和垂直尾翼的黄金飞机模型。专家在对这架古代飞机模型进行风洞试验后，绘制了一张技术图纸，把古代飞机模型的概貌描绘了出来。

接着，科学家在实验室对同样的模型进行了测试，结果发现，这种模型竟然能够以超声速速度飞行。据说，正是对这架黄金飞机的研究，才使得洛克希德公司的航空设计师们发明出了当时最好的超声速飞机。

然而，飞机是1903年才由美国的莱特兄弟发明的，这些黄金模型的制作者却是不知道飞机为何物的古玛雅人。制作模型当然不同于制作飞机，但模型不会是凭空想象的产物，它必定要以某些实有之物作为依据。这又是一个未解之谜。

古印度：神秘的维曼拿斯

维曼拿斯，又叫维曼拿，指的是一类古代印度飞行器。在古印度

《摩诃婆罗多》《罗摩衍那》等典籍中，维曼拿斯被描述成能够在地球大气层、太空和水底航行，具有军事用途的多栖飞行器。维曼拿斯的英文名为 Vimanas，意思是"神话般的飞行器"。在现代印度语里，"维曼拿斯"一词泛指普通的飞行器。

史诗中的飞船

大多数飞碟研究者认为，维曼拿斯可能来自于外太空，或者可能源自于政府的某种军用设备；但也有很多人认为，它们源自古印度。他们的依据是，古印度的《摩诃婆罗多》《罗摩衍那》等梵语史诗中记载有这种飞行器。这些文献还被翻译成英文甚至中文，广泛传播，具有一定的可信度。

近年来，我国拉萨等地发现了一些珍贵的梵语资料。它们被交给印度一位梵文专家翻译。鲁思罗拿博士拿到资料后惊讶地发现，这些文献不仅描述了维曼拿斯的构造，甚至还描述了维曼拿斯的推进方式：用一种所谓的"反重力"来抵消地球引力。

"维曼拿斯有很多窗户、两层结构，飞走时发出的强烈光芒，就像太阳，其声音似炸雷……喷着红色火花，升到高空，看起来就像彗星，直达太阳和星空。"这是古代印度史诗《摩诃婆罗多》里记载的内容。《摩诃婆罗多》描写的是古印度婆罗多族两个分支之间的战争。这场战争规模浩大，许多国王和神灵参加了的战斗。根据史学家考证，这场大战有一定的事实背景。近年来，有些学者重新审视并研读这部史诗，发现其中竟描述了许多高科技武器和飞行器，包括维曼拿斯。这不能不令人称奇。

《罗摩衍那》是和《摩诃婆罗多》齐名的另一部古印度史诗，它记载的罗摩帝国相传建立于大约1.5万年前，位置大致在今天的印度和巴基斯坦，经济繁荣，国力强盛，由"文明的祭司——国王"统治。罗摩帝国有7个大城市，古典印度文献将它们称为"七圣城"。在《罗摩衍那》中，至少记载了4种维曼拿斯。作为飞行器，维曼拿斯被描述成圆形，拥有舷窗和圆屋顶，有点像我们想象中的飞碟，它以"像风一样的速度"飞行，发出声响。

神庙中的惊人发现

甘吉布勒姆是位于印度南部的一座古城，有400余座神庙。在这些神庙中，除了湿婆、黑天、罗摩等众多古印度神灵的雕像外，还有大量被称为"战神之车"的维曼拿斯雕塑。

人们一般认为，这种维曼拿斯就是神话中人物的坐骑，是被杜撰出来的物品。然而，1943年，在印度南部的迈索尔市梵语图书馆一座倒塌庙宇的地下室中，人们发现了公元前400年的印度古代文献。

在这份"科技论文"中，以6000行的篇幅详细记载了维曼拿斯的构造、驱动方式、制造、保管、原料乃至飞行员训练及服装等诸多细节。更令人惊奇的是，这份文献中还记载了维曼拿斯的驾驶方法，也就是说，早在史前时代，印度就有了维曼拿斯和维曼拿斯驾驶员。根据记载，维曼拿斯的飞行速度，换算成现代计量单位约为5700千米/小时——近似于5倍的声速。5倍的声速！这已属于现代意义的高超声速飞行器的范畴。

　　研究者们还注意到，这些维曼拿斯多被描述为多层结构。绝缘装置、电子装置、抽气装置、螺旋翼、避雷针以及喷焰式发动机都安装在飞船上。文献中还多次指明，维曼拿斯呈金字塔形，顶端覆盖着透明的盖子。有趣的是，以4个不同种类的维曼拿斯的内容介绍为基础，1923年，专家们还绘制了4张不同维曼拿斯的结构图。

　　很显然，建造这样的维曼拿斯，需要借助多种现代高科技设备，更需要现代物理学特别是空气动力学的理论基础。在人们的印象中，

Rukuma Vimana
（圆盘形）

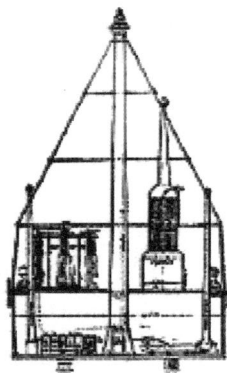

Sundra Vimana
（圆锥形）

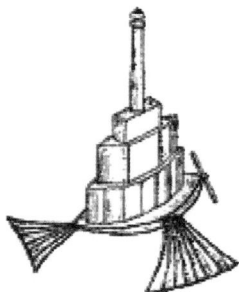

Shakura Vimana
（塔形）

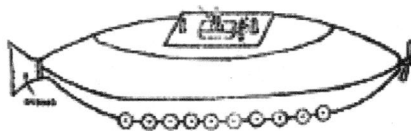

Tripura Vimana
（木棍形）

专家们绘制的4张维曼拿斯结构图

高速飞行器肯定是现代人的发明。但是，考古学家给出了不同的答案，他们自称已经掌握了一些证据。这些证据表明，古印度人不但能够造飞行器，还能造宇宙飞船。也就是说，当人类发明了火车、飞机、飞船，并为自己的发明所陶醉的时候，他们根本就没有想到，这些看起来非常现代化的工具，在几千年前可能就已经存在了。

中国：从飞车到火箭

奇肱飞车

古代中国传说中的一种飞行器。它是公元前 1500 多年商朝奇肱国人制作的一种能借助风力载人在天空远距离飞行的装置。传说，奇肱飞车曾借助风力从今天的四川载人飞行至河南。

奇肱飞车在中国古代文献中有明确记载。《山海经·海外西经》"奇肱之国"条下注释有："其人善为机巧，以取百禽。能作飞车，从风远行……后十年，西风至，复作谴之。"

类似的文字也于晋朝的《博物志·外国》中出现："奇肱民……能为飞车，从风远行。汤时西风至，吹其车至豫州。汤破其车，不以视民。十年，东风至，乃复作车遣

奇肱飞车

返，而其国去玉门关四万里。"

对奇肱飞车的构造、动力，人们至今仍无从考证，它的出现在黄帝指南车之后，结合了"善为机巧，以取百禽"的机械制作技术背景。由此可见，它的出现基本上还是遵循科学发展逻辑的。

公输木鸟和墨子木鹞

公输般，即大家熟悉的鲁班，春秋末期著名工匠，被后世尊为中国工匠师祖。据《墨子·鲁问》记载："公输子削竹木以为鹊，成而飞之，三日不下，公输子自以为至巧。"由此可见，他也是中国航空史第一人。

鲁班与墨翟

墨翟，即墨子，春秋战国之际的思想家、墨家学派的创始者。他曾用 3 年时间制成一只会飞的木鹞；但一试飞，就坏了。墨子是我国早期进行飞行器研究的学者，为风筝等民间简易飞行器的诞生奠定了实践基础。

飞行翼装

中国古人曾设想像鸟儿那样有一双翅膀，自由翱翔于天空。这个设想放在现代，便是刺激冒险的翼装飞行运动。史书记载在西汉，我国就曾出现过身负两只巨大人工翅膀的"羽人"形象。但因史书上只载其事，未记其名，让他成了一位无名的"翼装侠"。

据《汉书·王莽传》记载，当时王莽篡位建立了新朝，北方匈奴经常进犯，王莽遂下令招募类似今天特种兵的将士，凡是有特殊技能者均可以破格录用，委以重任。一时间，众多怀有绝技的人前来献艺。其中，有一男子自称能飞，日行千里，很适合当侦察兵，王莽半信半疑，让他当场试飞。此人用鸟羽制成了两只人工翅膀，即"取大鸟翮为两翼"，将之紧绑在自己的身上；又在头和身体其他部位插上羽毛，最后再装上其他器件，双脚弹地而起。虽然此次飞行只有"数百步"，却是中国飞天梦想中的一个重要事件。遗憾的是，王莽觉得其人技艺华而不实，虽然给了奖励，并委任其为"理军"，但此技术并未能得到重视和发展。

张衡木雕

张衡，我国东汉时期伟大的天文学家、数学家、发明家，官至尚书，为我国天文学、机械技术、地震学的发展做出了不可磨灭的贡献，后世称张衡为"科圣"。

事实上，张衡在早期飞行器的探索中也有贡献。北宋《太平御览·工艺部九》引《文士传》中的一段记载说："张衡尝作木鸟，假以羽翮，腹中施机，能飞数里。"意思说，张衡发明的是一只内部装有特殊装置的能飞几里的木雕。也有学者认为，这可能是一种飞机类的飞行器。但装在飞行器上的发动机必须重量足够轻、马力足够大，并且还要求飞行器本身具有一定的适宜起飞上升的形态等，这些条件在张衡所处的时代没有一条是能做得到的。所以,一些航空专家推测,张衡的木雕即使真的"腹中施机",这种"机"也不会是动力机,而是一种装在风筝上用线控制飞行的操纵结构。然而该木雕"能飞数里"的记载从另一个方面证明,我国古代的工程师已经开始进行飞行器控制方面的思考和探索,并且注意到飞行器航程对于飞行器功能的要求。

万户火箭

万户,也称万虎,相传为我国明朝时的一个低级位官吏,或者是锦衣卫都指挥使,但他也许是世界历史上第一位尝试用火箭升空的人。

根据记载,早在 16 世纪,万户便开始尝试用民间自制的烟花来产生动力,从而推动他飞往太空。捆绑着 47 支烟花的座椅便成了万户的第一架也是最后一架"飞行器"。在发射当天,万户穿戴整齐,坐上座椅。跟随他的 47 位仆人同时点燃了烟花。随着一阵剧烈的爆炸,硝烟散尽后,万户和他的"飞行器"已是灰飞烟灭。

美国著名的探索频道节目《流言终结者》的制作人员曾经制作了万户的飞行座椅来进行发射试验。当烟花引燃后,座椅还未离开发射台便已爆炸,捆在座椅上的仿真人体模型被烧得惨不忍睹。他们也尝试用新型火箭推进器来代替古老的烟花进行试验,但这样做也很难让座椅垂直升降。在节目中可以看到,离地约 1 米左右时,座椅开始横向前进随即冲向地面。利用捆绑在座椅上的小型火箭推进器难以产生

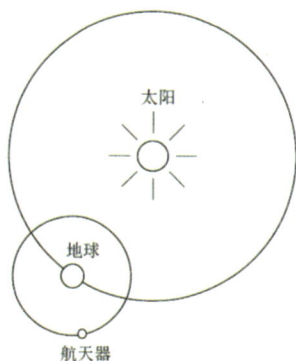

太阳引力场及地球引力场

从地球表面向宇宙空间发射人造地球卫星、行星际和恒星际飞行器所需的最低速度。第一宇宙速度是 7.9 千米／秒，物体飞离地球表面，绕地球运行。第二宇宙速度是 11.2 千米／秒，物体摆脱地球引力，绕太阳运行。第三宇宙速度是 16.6 千米／秒，物体摆脱太阳引力，飞出太阳系。

足够的推力来使座椅升空，虽然使用现代小型火箭能够产生足够大的推力，但并没有持久性和稳定性来保持座椅一直向上运动，更不用说要达到第一宇宙速度进入地球轨道了。

万户是世界上第一个利用火箭向太空搏击的英雄。他的努力虽然失败了，但他是全球首位设想借助火箭推力升空的人，因此他被世界公认为"真正的航天始祖"。

自古以来，我国苏州香山一带能工巧匠辈出，在明代，此地木工工艺尤其发达。我国清代著名学者徐崧先在《香山小志》一书中记载，明朝有个叫徐正明的，听人讲《山海经》中奇肱国人坐飞车的故事，就想造一架飞车。他殚精竭虑，用了一年才设计出图纸，按照图纸反复修改，十多年后，才把飞车制造出来。徐正明飞车的形状酷似一把圈椅，下面有机关和齿轮。人坐在椅子上踩踏两块木板，上下机关旋转，"风旋疾驰而去，离地可尺余，飞渡港汊不由桥"。徐正明并不满意飞车的性能，他希望能飞过房屋、越过湖面才好。正想着继续改进飞车的设计，人却病死了。他的妻子因为徐正明把心思都放在飞车制造上面，以致生活困顿，一气之下，竟把飞车当柴烧了。飞车功亏一篑，令人惋惜。

长征八号
——运载火箭中的"万金油"

2020 年 12 月 22 日，中型运载火箭长征八号首次飞行试验取得圆满成功。2024 年，在长征八号的护送下，鹊桥二号中继星成功抵达月转移轨道。这款运载火箭与长征火箭家族其他成员相比有什么特点，又有哪些拿手绝活呢？

长征火箭家族评点

在讨论长征八号前，我们先来评点一下长征火箭家族。右侧图表中橙色部分代表已退役火箭，绿色部分是现役火箭。从中可以看出，中国航天这些年来主要由长征二、三、四这 3 个系列扛大梁，它们在前些年能够承担起我国航天发展的主要发射需求：

a. 长征二 C/D 主攻小型载荷，一般是 1~3 吨级，可发几百千米高的低轨、极地轨道以及太阳同步轨道。

b. 长征二 F 是我国载人航天专用火箭，它是唯一带有逃逸塔的，也是最安全的运载火箭。轨道高度 400 千米左右，最高运力 8.6 吨。

c. 长征三 A/B/C 则是高轨专用，轨道高度 2 万 ~3.6 万千米乃至到月球。我国的北斗导航卫星以及各路通信卫星的发射、嫦娥工程的顺利推进都离不开它们。长三堪称能力强、成功率高的王牌火箭家族。

d. 长征四 B/C 与长征二 C/D 略有重合，它们一般

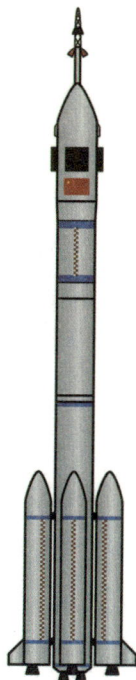

长征二F顶部的逃逸塔使它成为最好认的长征火箭

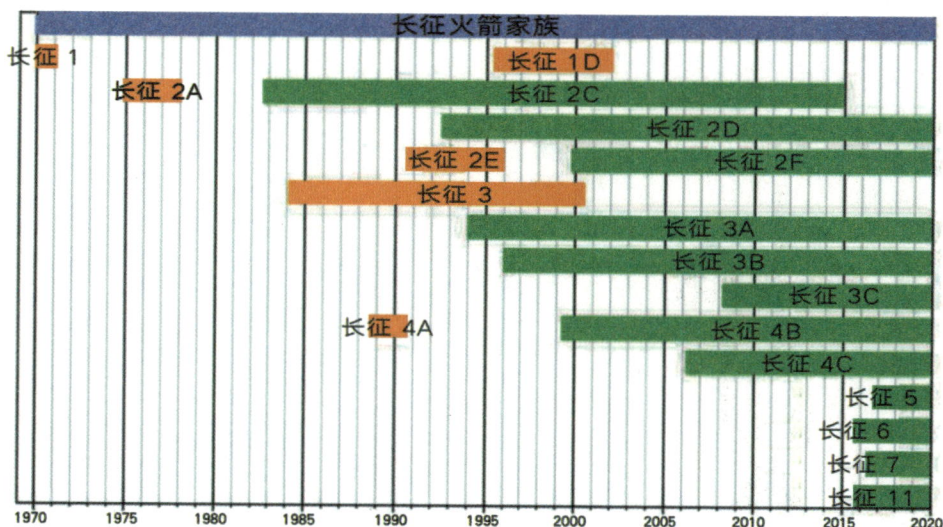

长征火箭家族

长征 1
长征 1D
长征 2A
长征 2C
长征 2D
长征 2E
长征 2F
长征 3
长征 3A
长征 3B
长征 3C
长征 4A
长征 4B
长征 4C
长征 5
长征 6
长征 7
长征 11

1970　1975　1980　1985　1990　1995　2000　2005　2010　2015　2020

（注：为便于读者对比，长征各型号用阿拉伯数字表示）

分子式 N_2O_4。无色，在常温下看到的是红棕色 N_2O_4，这是由于部分 N_2O_4 解离为二氧化氮（NO_2）形成二者平衡混合物，为红棕色液体，当温度升高到 140℃ 时，N_2O_4 完全离解为 NO_2。属强氧化剂，与胺、肼等接触能自燃，与很多有机物蒸汽形成爆炸性混合物。对冲击、枪击、压缩、振动、摩擦不敏感。无水 N_2O_4 对大多数金属的腐蚀性很小，可密封贮存于耐压的不锈钢、铝合金容器中。刺激呼吸道，导致胸闷、呼吸困难，出现肺水肿，严重时致人死亡。属于剧毒化学品、高毒物品。为最常用的可贮存氧化剂之一，常与肼类燃料组成双组元液体推进剂。

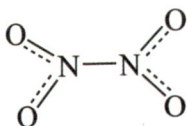

和偏二甲肼反应：

$$C_2H_8N_2 + 2N_2O_4 \rightarrow 3N_2 + 2CO_2 + 4H_2O$$

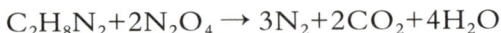

针对太阳同步轨道，运力 2、3 吨，并不算强大。

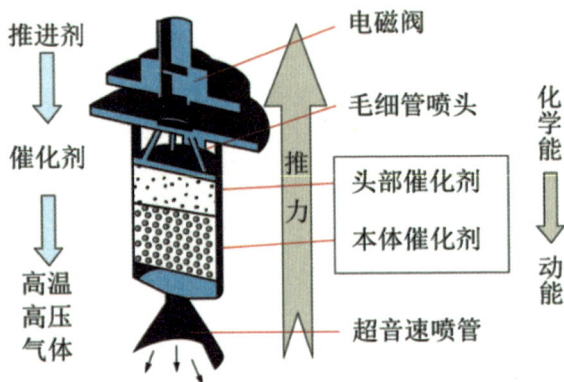

推进剂

催化剂

高温高压气体

电磁阀

毛细管喷头

头部催化剂

本体催化剂

超音速喷管

化学能

推力

动能

通过把化学能转换为动能，实现火箭发射升空

从上述介绍中我们会发现，现有的三大主力系列总体上存在一些不足：

a. 近地轨道的大型任务（大于 10 吨），如大型空间实验室、空间站的发射任务无法完成。

b. 极地／太阳同步轨道的大型任务（大于 3 吨），如大型雷达遥感卫星的发射搞不定。

c. 高轨和深空的大型任务（超过嫦娥水平的）也执行不了。

d. 燃料落后。N_2O_4 和偏二甲肼（$C_2H_8N_2$）是常温燃料，接触即燃，发挥稳定，成功率高，在技术相对落后的年代做出这样的选择可以理解；现在，其剧毒、危险、价格昂贵的缺点日显突出。

e. 均为一次性火箭，成本高，而且还存在火箭残骸落区问题（我国的航天发射场多在内陆）。

f. 没有低成本适合商业航天发射的火箭。

要想成为航天大国，以上不足是必须要克服的。所以，必然要淘汰并替代长征二、三、四全系列或至少大部分才行。近年来，我国又研制了 4 种新型火箭——长征五、六、七、十一。它们有个共同点，即采用先进的液氧液氢、液氧煤油或固体燃料等，这样问题 d 就不存在了。具体而言，它们的定位分别是：

1. 长征五号是我国现役最强火箭，近地轨道运力达到 25 吨，可以完美解决 a 问题，也可以大幅改善 c 问题，至少可把 6~8 吨的大型载荷送往火星。长征五号堪称"大国重器"。

2. 长征七号系列则是未来绝对主力火箭，考虑各种改型潜力，可基本解决 a、b、c、d 各项需求，称为"国之栋梁"并不为过。

3. 长征六号和十一号属小型近地轨道专用火箭，价格便宜，适合商业发射。前者是液体燃料（升级版长征六号甲可改固体／液体结合燃料），后者是纯固体燃料，两者互相补充，部分解决 f 问题（仅限小型载荷）。

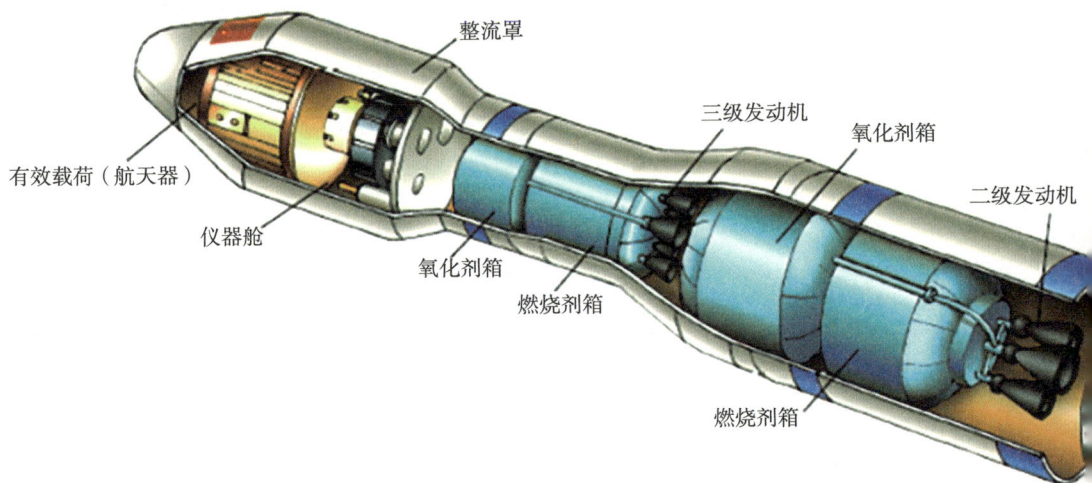

整流罩
三级发动机
氧化剂箱
二级发动机
有效载荷（航天器）
仪器舱
氧化剂箱
燃烧剂箱
燃烧剂箱

4. 海南文昌航天发射场投入使用，很好地解决了 e 问题，也就是残骸落区问题。

如果再加上研发中的新型载人火箭和规划中的长征九号火箭（近地轨道运力达 60~150 吨级），表面上看，中国火箭家族已经完整了，但仔细考量，还有几个问题依然存在：

1. 长征五号和七号实在太贵了，不适合商业发射以及多次规模发射，除非把它们的发射能力利用到极致，否则就太浪费了。

2. 长征十一号无论怎么改，都很难在短期扛起重任。长征六号的改型（甲）能填补一定空白，但不能完全解决太阳同步轨道和极地轨道 4 吨以上的发射问题。

3. 模块化、适应多任务需求的多功能火箭不足。假如现有 4、5 吨级别的极地 / 太阳同步轨道任务需要发射，就会发现用哪个火箭都不合适：用长五、长七，可谓"杀鸡用牛刀"；长二、长四、长十一又发射不了或即便能发射也压力极大；长三则是西昌航天发射场的"钉子户"，限于设施配置不能到处跑，而且它的定位是高轨深空，改起来不易，也不便宜。2020 年 12 月，长三的改型进行了首次太阳同步轨道发射，但这并不是它的主要定位。

氧化剂箱

长征三号火箭结构

燃烧剂箱

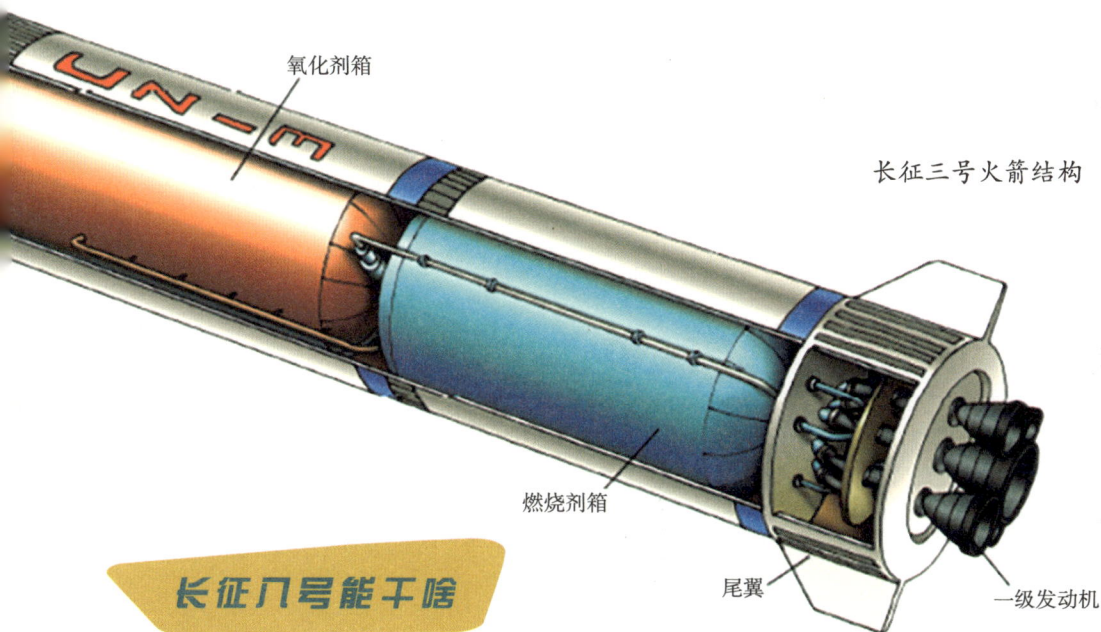

长征八号能干啥

尾翼

一级发动机

　　长征火箭家族的新成员——长征八号的横空出世，就是专门用来以极高的性价比集中解决上述问题的。该系列火箭基本定位是弥补传统长征三大系列在发射极地 / 太阳同步轨道方面的不足，且肩负着一个重要使命：低成本并最终实现火箭回收复用。

　　太阳同步轨道和极地轨道是极其重要的轨道资源，由于能基本实现全球覆盖，所以是各种气象、遥感、侦察、科学以及资源勘探等卫星的必备选项。长征八号的出现就是为了完成长二、长四、长十一做不到，而用长五、长七又浪费的中型载荷的近地轨道、极地轨道、太阳同步轨道发射任务。具体说来就是 8 吨以内低轨、不低于 4.5 吨的极地 / 太阳同步轨道任务。同时，长征八号还有能力发射小型 2、3 吨级别的高轨任务，给长三系列做补充。由此可见，长征八号可称为运载火箭中的"万金油"！

长征八号运用模块化设计理念，把长征三号、长征七号运载火箭的相关技术和发动机灵活组合，实现低成本可组装；长征八号完全采用清洁推进剂（液氧煤油、液氧液氢燃料）；长征八号最大的亮点是，它将会是长征家族中首个突破火箭一级回收技术的火箭。

SpaceX 猎鹰可回收火箭

美国太空探索技术公司（SpaceX）的猎鹰系列火箭，凭借可复用、规模化量产、成本低廉的"杀手锏"，在国际商业航天发射市场上引发洗牌般的"鲶鱼效应"。美国传统的联合发射同盟不断有火箭被迫退役，著名的德尔塔火箭家族只剩下德尔塔-4重型火箭，而且目前其形势也岌岌可危。研发可复用火箭，目前已成为航天界的共识。

不过，火箭回收不是一朝一夕能够成功的，SpaceX也是在无数爆炸中才换来了成功。2020年末首飞的长征八号虽然是不可回收版本火箭，但该型号火箭将作为我国火箭回收技术的试验田，技术成熟后会不断应用在新型火箭上。总体上，终极版长征八号会是无毒无污染、低成本、高可靠性、可回收的中型运载火箭，主要面向具有国际竞争力的商业卫星发射任务。

原来你是这样的"天宫"

2021 年 4 月 29 日 11 时许，搭载中国空间站天和核心舱的长征五号 B 遥二运载火箭在海南文昌航天发射场点火升空。随着天和核心舱与火箭成功分离进入预定轨道、太阳能帆板两翼顺利展开且工作正常，发射任务取得圆满成功，标志着中国天宫空间站在轨组装建造全面展开。

1992 年 9 月 21 日，中国载人航天工程正式起步。经过多年的不懈探索，长征、神舟、天舟、天宫……这一系列浪漫的名字逐渐变成现实。如今，中国终于要拥有自己的"天上宫阙"，飞天的梦想照进了现实！

那么，我们的空间站要做哪些实验？为什么空间站非发射不可？为什么要建一个这样的"天宫"？又该如何正确建设它？下面就让我们一起揭秘。

为什么要发射空间站

建设空间站的意义很大，重点可以一句话概括：因为它能长期飞在天上。或者说，它能实现多人次长期在轨驻留。这意味着在外太空会有一个长期稳定的生活和工作空间，搭载一系列顶级科研设备，航天员可以通过载人火箭和飞船频繁往返、长期驻留在那里，并通过货运飞船定期补给。

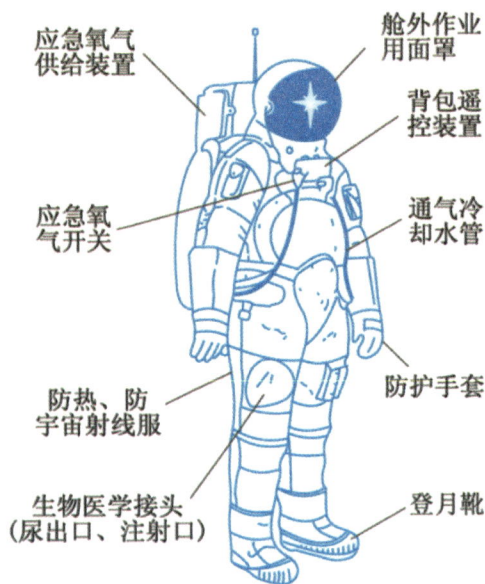

应急氧气供给装置

舱外作业用面罩

背包遥控装置

应急氧气开关

通气冷却水管

防热、防宇宙射线服

防护手套

生物医学接头（尿出口、注射口）

登月靴

航天服结构

太空有着得天独厚的环境，如长期的失重条件，可以开展很多地球上难以进行的科研工作，并能对地球进行稳定的遥感探测。人类进入太空后，也会变成"科研载荷"，经历失重、上下不分、体液重新布置等与地球环境截然不同的生活状态，这孕育出了崭新的航天医学学科，也产生了很多改变人类生活的新发明，如尿不湿、耳温计以及各种集成便携的医疗器械。

建设空间站是人类载人航天技术发展到一定程度后才会出现的里程碑事件，它能促进航天以及很多相关制造业的发展，对于提升一个国家的整体科学技术水平有着重要意义，是任何一个航天大国技术发展的必经之路。

这种上下不分的场景在地球上是很难出现的，但在空间站是常态

为什么要建这样一个"天宫"

人类载人航天技术于 1971 年进入空间站时代。这一年苏联把礼炮一号送入太空，第一代空间站诞生。随后 12 年内，苏联共发射 9 个 18~20 吨的空间站。其中，7 个成功并命名"礼炮"系列。礼炮六号和七号更可同时对接两艘飞船。

1973 年，美国利用土星五号登月火箭的强大能力，直接将土星五号的第三级改装并发射，形成了一个 80 吨级的"天空实验室"。这些早期空间站大多为试验性质，为后续的空间站转型换代做技术储备。中

天舟一号和天宫二号对接，是天宫正式开建前的大事件

国的天宫一号和天宫二号与早期的"礼炮"系列思路一致，主要用来验证空间交会对接、出舱行走和多人次在轨驻留等技术。

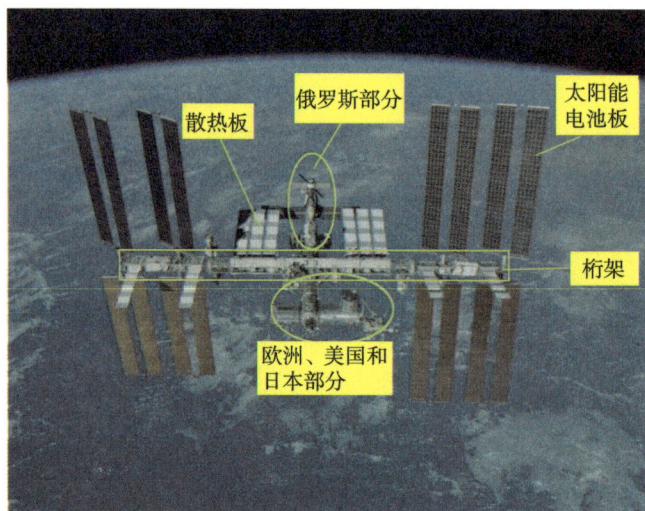

散热板
俄罗斯部分
太阳能电池板
桁架
欧洲、美国和日本部分

国际空间站

在空间站发展史上有着举足轻重意义的是 1986 年 2 月开始建造的苏联和平号空间站。它采取积木式模块化结构，由核心舱、5 个科学实验／生活舱段和多艘对接飞船构成。在它 15 年的飞行史中，

对接过 100 多艘载人和货运飞船，其中包括 9 次与航天飞机的对接，共计接纳了来自 12 个国家的 135 名航天员在此工作与生活。

多国合作的国际空间站（ISS）是迄今唯一的第四代积木式和桁架式空间站，尺寸更大、功能更复杂。自 2000 年 11 月 2 日执行首次载人任务以来，已经连续保持了 20 多年载人飞行，成长为一个宽 109 米、长 73 米、高 20 米、重达 419 吨、内部容积 916 立方米的空间"巨无霸"，相当于一栋七层楼高的小型体育场。它孕育了各个国家的多种载人航天相关器具，先后容纳了数百名航天员工作生活。

国际空间站的建造成本和运营成本颇为惊人，目前的总造价已经超过 2000 亿美元，每年各成员国为此付出的总运营费用也高达 30 亿美元级，占据了大量的航天预算资源。正因如此，随着不断老化，关于它退役的新闻经常出现。

就综合性价比而言，第三代积木式空间站已经能够满足科研和应用需求，且建造和运营维护成本更低，成为了目前的最佳方案。我国的天宫空间站就采取这个方案：核心舱（天和号）、两个实验舱（问天号、梦天号）和机械臂等组成的 T 字形结构，可对接货运飞船和载人飞船。

如何正确建成一个"天宫"

天宫空间站是中国载人航天技术的大集合，需要调动最核心的资源建造。首先，需要的是长征火箭家族"三剑客"——长征五号B、长征二号F和长征七号。其中，长征五号B专门负责近地轨道重载任务，运力在25吨级，负责发射核心舱和实验舱；长征二号F运力在8.5吨级，是目前保持100%成功率的一款"神箭"，主要负责发射神舟飞船，其头部尖尖的逃逸塔成为最容易识别的标志；长征七号是新一代主力火箭，运力在14吨级，用来发射天舟货运飞船。

其次，需要两大发射场。酒泉卫星发射中心拥有我国唯一的载人航天发射和返回相关配套，这里见证了此前所有神舟飞船的起航，是中国航天员真正"登天"和"下凡"的地方；文昌航天发射场是中国最新、最先进的发射场，这里三面环海，无残骸遗留问题，海运让长征五号不再受限于陆路运输，而变得"胖起来"（最大芯级直径5米）。新建造的各种配套设施也让它成为长征五号和长征七号系列火箭的定点基地，支撑起整个天宫的核心建造和补给过程。

天宫不是一天可以建成的，核心舱发射之后，还需要在太空中借助机械臂系统，像"堆积木"一样逐渐把整个结构搭建起来。期间需要有航天员在轨驻留，并需要定期补给。天宫首先由长征二号F运载火箭将无人状态的天宫送入初始轨道，天宫进行轨道机动进入运行轨道，天舟号货运飞船先后与天宫空间实验室交会对接进行组合飞行和试验，任务完成后与货运飞船分离，天宫继续飞行。

天宫空间站的正式运行，标志着中国航天进入崭新的发展阶段，利用特有的太空环境，能实现多种技术创新和科技产出，成为一个不折不扣的"超级实验室"。例如，早在天宫二号空间实验室阶段，就实现了伽马射线暴偏振测量仪器、世界首台空间冷原子钟、星地量子密钥分配与激光通信试验以及多种材料科学实验等技术进展。

天宫空间站建成后，空间科学技术必将取得更大的进步。空间站技术无疑处在航天技术金字塔的最顶端。直到今天，也仅有俄罗斯、美国和中国有过独立建造空间站的经历。对于人类更远的星辰大海和星际移民梦想，空间站也许是容纳大规模人类的唯一选择。

"盘古破鸿蒙，天宫有九重"是华夏民族对头顶那片未知天空最美好的想象，但古人深知探索苍穹的难度，以至于"难如登天"成为描述不可能的词汇。但"天宫"这座中国建造的天上宫阙，对"登天有多难"这个问题给出了不同的答案。无论是"天问"，还是"问天"，还有北斗、墨子、悟空、嫦娥、玉兔、祝融、张衡……这些以中华传统文化中深远寓意命名的航天器，正在天空中向着真理孜孜探索。什么是浪漫？这就是浪漫！祝福浪漫的中国航天不断进步！

风水轮流转

——航天飞机与宇宙飞船

  航天飞机是人类建造的复杂、功能强大的多用途航天器。美国航天飞机总里程达 5 亿千米，除进行了天文学领域的研究外，还完成了众多生物、材料学科的实验研究任务。

  宇宙飞船作为一种一次性使用的航天器，早在 1969 年 7 月 21 日"阿波罗"11 号载着阿姆斯特朗到月球漫步开始，就成为了每个人关注的焦点。后来，人们不得不承认，航天飞机虽然可以重复利用，可成本和安全系数不如宇宙飞船，就在 2003 年 2 月 1 日，航天飞机又发生事故了——"哥伦比亚"号在返回途中解体，机上航天员全部遇难。

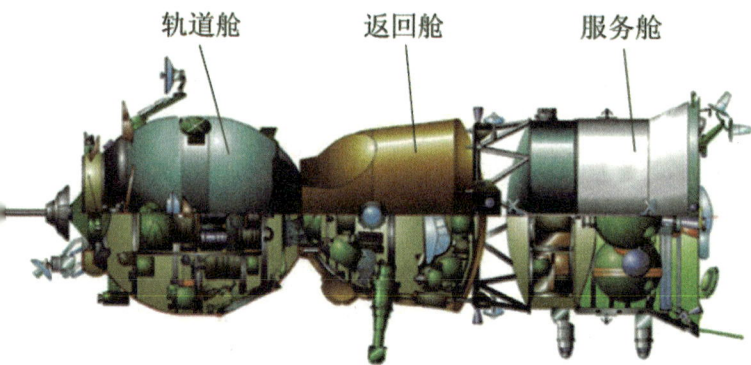

载人飞船结构示意图

  轨道舱 返回舱 服务舱

  这时，宇宙飞船重新成为了舞台的主角。1992 年，中国载人航天工程正式启动，起名神州号。下面，就让我们跟随一些珍贵的照片走进变化万千的航天时代吧！

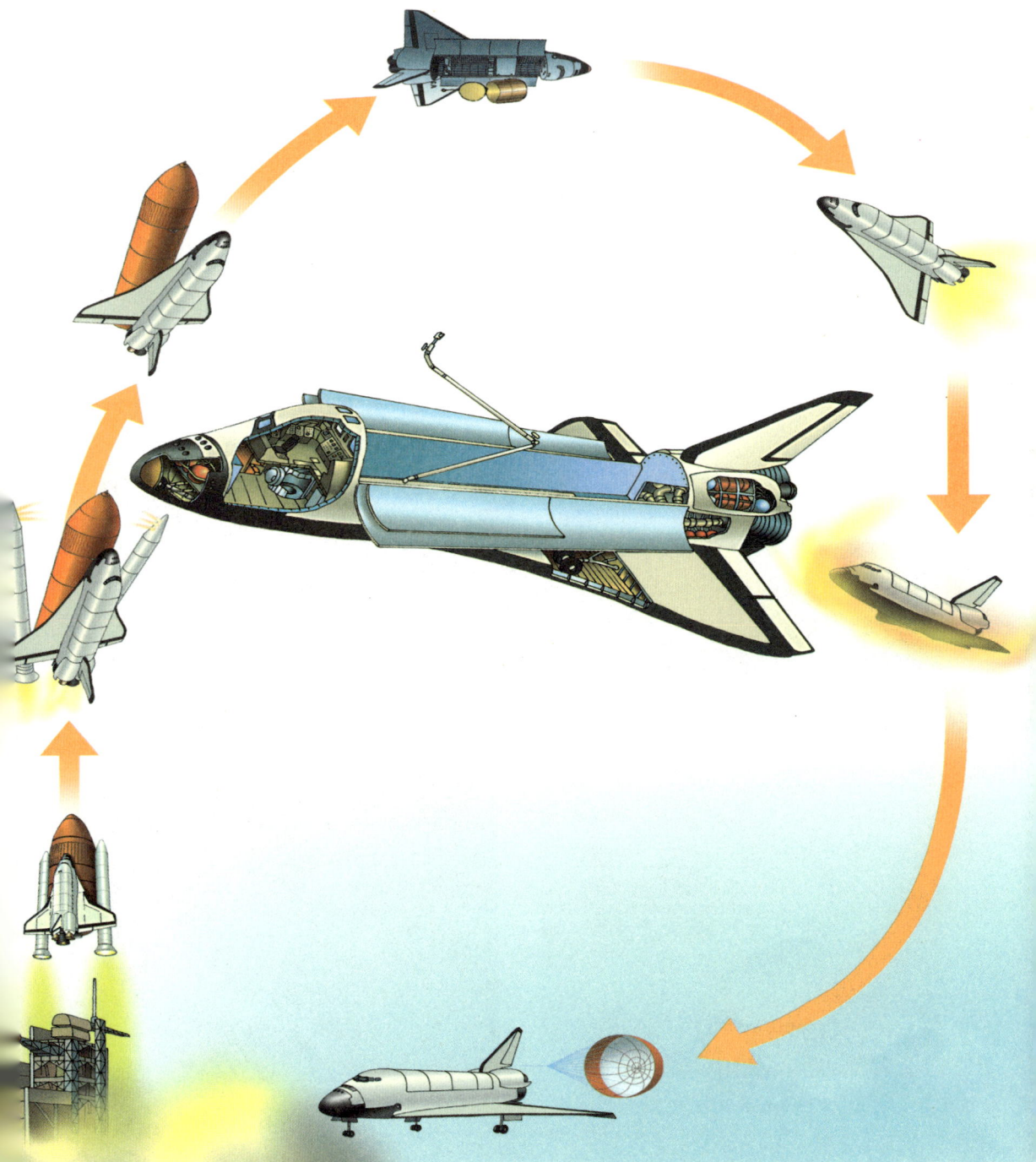

1981 年 4 月 12 日，"哥伦比亚"号航天飞机发射的瞬间

"亚特兰蒂斯"号航天飞机返回地球降落

"亚特兰蒂斯"号航天飞机与
俄罗斯宇宙空间站对接

天舟二号货运飞船

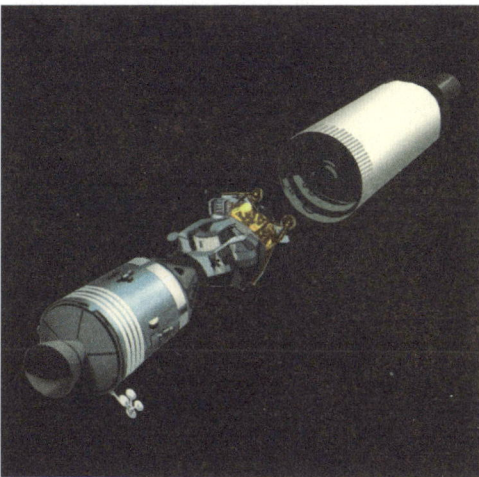

"奋进"号宇航员修理哈勃太空望远镜

"阿波罗" 11 号飞船

世界首颗量子科学实验卫星
——"墨子"

2016 年 8 月 16 日 1 时 40 分，由我国自主研制的、世界上首颗量子科学实验卫星"墨子号"在酒泉用长征二号丁运载火箭发射升空。此次发射任务的圆满成功，标志着我国空间科学研究又迈出重要一步："墨子号"一举突破了光量子的传输距离难以突破百千米级这一瓶颈，开创了利用卫星千千米传送量子信息的先河。"墨子号"的成功发射，意味着我国量子通信技术已跻身全球领先地位。

> **量子**
>
> 量子是现代物理学中的重要概念。即一个物理量如果存在最小的不可分割的基本单位，则这个物理量是量子化的，并把最小单位称为量子。量子力学是研究微观粒子基本运动规律的物理学科，是当代物理最重要的基础理论之一。

为什么要发展量子通信技术

古往今来，人们对于信息加密的探索从未停止。科学发展到今天，基于计算复杂性的传统加密技术被破译的可能性与日俱增。量子通信是迄今唯一被严格证明为无条件安全的通信方式。量子不可分割、不可克隆，所以能保证加密内容不被破译，可以从根本上保障信息安全、保护全人类的隐私。

经典通信示意图

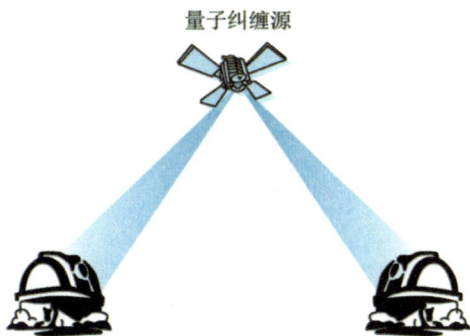

量子纠缠分发实验原理图

解读量子通信

利用量子纠缠效应进行信息传递的新型通信技术。该技术采用经典光学信道传递光子，并利用纠缠光源或单光子光源生成密钥，加密传输信息，以实现通信的安全性。

　　我国基于光纤的城域和城际量子通信技术已走在世界前列，并在近几年走向实用化和产业化。但是，由于光纤的固有损耗以及单光子状态的不可复制性，点对点光纤量子通信的距离难以突破百千米量级。因此，要实现广域乃至全球化的量子通信网络，还需要借用卫星的中转。"墨子号"正是在这种大背景下应运而生的。

"墨子号"完成了三大科学任务

　　"墨子号"自上天以来，在国际上第一次成功实现了千千米级的星地双向量子通信，圆满完成了星地量子纠缠分发、量子密钥分发、量子隐形传态三大科学任务。

　　星地量子纠缠分发是"墨子号"的三大任务之一。量子纠缠实验非常难做，连爱因斯坦都感觉头疼，称它为"鬼魅般的超距作用"。由于量子纠缠非常脆弱，以往的量子纠缠分发实验只停留在百千米的距离。这种"鬼魅般的超距作用"在更远的距离是否仍然存在？会不会受到引力等其他因素的影响？

　　中国的"墨子号"卫星实现了超越，成功在太空中进行了量子纠缠实验。"墨子号"进行的太空量子纠缠实验仅仅比量子地面通信衰减了万分之一。

　　量子密钥分发是"墨子号"的另一个科学任务。"墨子号"卫星同河北省的地面量子接收站建立起通信联络线路。从"墨子号"轨道到地面1200千米的距离进行传输，星地量子密钥的传输效率比地面的光纤传输效率高出 1 万万亿倍。

此外科学家利用"墨子号"卫星，在中国和奥地利之间首次实现距离达 7600 千米的洲际量子密钥分发，并利用共享密钥实现加密数据传输和视频通信。该成果标志着"墨子号"已具备实现洲际量子保密通信的能力。

量子隐形传态是"墨子号"的第三个任务。量子隐形传态采用地面发射纠缠光子、天上接收的方式。卫星过境的时候与海拔 5000 多米的西藏阿里地面站建立光链路。阿里地面光源以每秒 8000 个量子隐形传态示例，向墨子号传输光子。实验的距离从 500 千米到 1400 千米，整个实验取得了 99.7% 的成功。

星地量子纠缠分发和量子隐形传态的实现，使人们可以利用量子纠缠所建立起的量子信道，构建起量子信息处理网络的基本单元，同时也为未来开展大尺度量子网络和量子通信实验研究，以及开展外太空广义相对论、量子引力等物理学基本原理的实验检验奠定可靠的技术基础。

量子密钥分发的实现，为构建覆盖全球的量子保密通信网络奠定了坚实的技术基础。以此为基础，将卫星作为可信中继，可实现地球上任意两点的密钥共享，将量子密钥分发范围扩展到覆盖全球。此外，将量子通信地面站与城际光纤量子保密通信网互联，可以构建覆盖全球的天地一体化保密通信网络。

墨子在《墨经》里面提到"端，体之无序而最前者也"。这个"端"指的是小颗粒，是组成所有物质的最基本的单位。从这个含义上讲，墨子是所有科学家里面最早提出原子概念雏形的人。与他同时期的希腊的科学家、哲学家德谟克利特也提出了相同的观点。此外，墨子在《墨经》里面还提出"止，以久也，无久之不止"。久是力的意思。这句话说的是一个物体之所以会停下来，主要因为受到力的作用，如果说没有阻力的话，一个物体的运动是永远不会停止的。

此外，墨子还做了一项很重要的工作，其与光学研究有关。现在我们都知道光线是沿直线传播的，但在古时候人们并不清楚这件事。如何通过一个实验来证明光是沿着直线传播的呢？墨子在 2000 多年前就做过一个小孔成像实验。他站在门外面，在门上挖一个小孔，门里面有一面墙，结果发现墙上的影子是倒过来的。我们知道光只有沿着直线传播才会有这种现象。

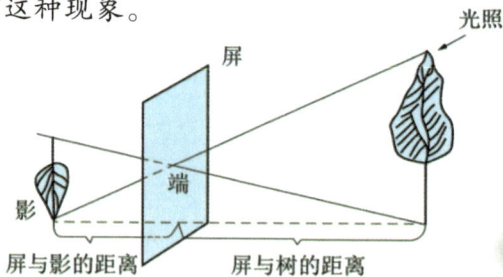

小孔成像示意图

我国成功实现了洲际量子保密通信

2017 年 9 月 29 日，世界首条量子保密通信干线"京沪干线"与"墨子号"实现天地链路，我国科学家成功实现了洲际量子保密通信。这标志着我国在全球已构建出首个天地一体化广域量子通信网络雏形，为未来实现覆盖全球的量子保密通信网络迈出了坚实的一步。建成后的"京沪干线"，连接北京、上海，贯穿济南和合肥全长2000余千米的量子通信骨干网络，并通过北京接入点实现与"墨子号"的连接。"京沪干线"全线路密钥率大于20千比特/秒，可满足上万用户的密钥分发业务需求，已实现北京、上海、济南、合肥、乌鲁木齐地面站和奥地利科学院6点间的洲际量子通信视频会议。

我国量子通信的发展前景

"墨子号"卫星的成功发射和在轨运行，将有助于我国在量子通信技术实用化整体水平上保持和扩大国际领先地位，实现国家信息安全和信息技术水平的提升，有望推动我国科学家在量子科学前沿领域取得重大突破，对于推动我国空间科学卫星系列可持续发展具有重大意义。

此外，量子通信将改变我们的生活。"墨子号"量子卫星首席科学家潘建伟认为：量子通信开始会应用于国防、金融、政务、科学研究等领域，但之后会在大众中广泛应用。量子通信的应用前景，就像电话的普及过程一样，将逐步深入千家万户。未来，每个人的家里、手机上或许都会有一个量子加密芯片，电子账户等涉密信息再不用担心被盗用和被攻击。

第二章

大飞机之路

走近百年波音奠基人

2016 年，波音公司迎来百年华诞。100 年来，波音公司从一个手工作坊逐步发展成为一个全球领先的现代企业。作为全球航空航天业的领袖公司以及世界上最大的民用和军用飞机制造商之一，波音公司为世界航空运输业贡献了一代又一代的先进军用和民航用机，它的成功与人们对航空事业百折不挠的坚持和追求密不可分。下面就让我们来看一看在波音公司建立初期对其发展做出卓越贡献的两位重要人物。

我有一个飞行梦

威廉·波音，1881 年 10 月 1 日生于美国密歇根州汽车城底特律，他是波音公司创始人、飞机设计师和航空工业企业家。威廉·波音自幼在瑞士求学，后回美国读大学，曾在耶鲁大学就读机械专业，但未毕业就离校而去。1903 年，威廉·波音移居西雅图开始投身于木材生意。继承父业的他在生意场上如鱼得水，33 岁即成为百万富翁，这也为他日后的发展积累了足够的原始资本。

　　威廉·波音是一个有着很强好奇心的人，对各种新技术非常感兴趣。1910年，威廉·波音与几个朋友结伴去参观在加州洛杉矶举办的美国第一届国际航空展。他对飞机这一新兴事物十分着迷，萌发了要飞上天的念头。在那次展会上，为了能争取到乘坐飞机的机会，他苦等多日，但终未能如愿。回到西雅图后，威廉·波音下决心要学习航空这一新兴领域的科学知识。一个偶然的机会，他在西雅图"大学俱乐部"里结识了年轻的美国海军军官乔治·韦斯特福特，这位麻省理工学院毕业的工程师被派到西雅图造船厂监造潜艇，他也参加过当时

潜艇

　　能潜入水下活动和作战的舰艇。又称潜水艇。海军主要作战舰艇之一。用于攻击大、中型水面舰船和潜艇，袭击陆上重要目标，实施核突击和发挥核威慑作用，以及布雷、侦察、救援和遣送特种人员上陆等。可单独或与其他兵力协同，完成战略、战役和战术任务。

　　1620年，荷兰人德雷布尔建成一艘潜水船。该船船体框架上包有油脂皮革，利用羊皮囊作压载水舱控制潜浮，以人力划动伸出舷外的桨叶使之前进，被认为是潜艇的雏形。

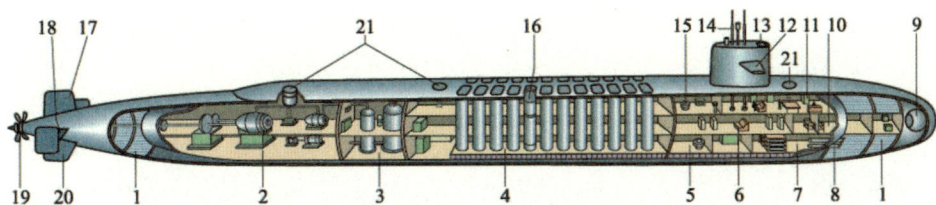

1 主压载水舱 2 主辅动力机舱 3 核反应堆舱 4 导弹舱 5 蓄电池室 6 导弹控制中心 7 鱼雷舱
8 鱼雷发射装置 9 声呐换能器球形基阵 10 居住舱 11 指挥操纵中心 12 艇首升降舵 13 指挥室围壳
14 升降装置 15 导航中心 16 战略导弹 17 垂直尾翼 18 水平尾翼 19 螺旋桨 20 方向舵 21 出入口

的洛杉矶航空展。威廉·波音与韦斯特福特两人都是航空发烧友，志趣相投，常在一起讨论飞机技术。

1915 年 7 月 4 日，美国国庆日，威廉·波音终于有机会乘坐了飞机。第一次飞行的经历使他着迷、激动，也使他信心陡增。他以机械行家的眼光仔细察看这架制作粗糙的飞机，觉得大有改进的余地。这架水上飞机简陋至极，甚至连座舱都没有，飞行员和乘客都是直接坐在机翼上。当他怀着几分恐慌的心情爬出那架在水面上摇摇晃晃的水上飞机后，威廉·波音郑重其事地对韦斯特福特说："我们应该造出一架比这更好的飞机来。""是的，也许我们可以做到。"韦斯特福特赞同地回答。于是，他们开始实践共同的愿望与理想。

威廉·波音很快在格雷恩·马丁开办的飞行学校里学会了飞行，并购买了一架马丁浮筒飞机回到西雅图。他与韦斯特福特合作，招募了 20 名工人，并利用自己掌握的工程知识与韦斯特福特掌握的空气动力学知识，在自家船库里开始制造更好的飞机，将原来马丁飞机的单浮筒改为双浮筒，用以改善飞机在起降时的稳定性，最终用手工方法造出了他们的第一架双翼水上飞机——"蓝凫"（B&W，两人姓氏的第一个字母，也有人译为"蓝色比尔"，因为比尔是威廉·波音的昵称）。飞机完成设计后，在韦斯特福特的母校——麻省理工学院的风洞进行了吹风试验。令人遗憾的是，在飞机完工前，韦斯特福特被派往东海岸工作，不过，韦斯特福特在离开之前向威廉·波音推荐了自己在麻省理工学院的师弟王助。

1916 年 6 月 29 日，威廉·波音亲自驾驶 B&W 进行了首飞。

B&W 双浮筒水上飞机的翼展为 15.9 米，长 8.4 米，净重 1270 千克，乘载 2 人，以霍尔 - 斯科特 125 马力的 A-5 发动机为动力，巡航速度为 108 千米 / 小时。在完成试飞后，波音认为自己实现了当年要建造更好的飞机的愿望。

1916 年 7 月 15 日，波音公司的前身——太平洋航空制品有限公司正式成立（今天的波音公司也把这一天作为自己的生日来庆祝）。威廉·波音担任董事长。公司成立之初，生产条件极为简陋。所谓的飞机制造工厂，不过是岸边一个船坞，机翼与浮筒就在这个船坞里制作。

阿基米德定律

传说亥厄洛王召见阿基米德，让他鉴定纯金王冠是否掺假。他冥思苦想多日，在跨进澡盆去洗澡时，从水面上升得到启示，做出了关于浮体问题的重大发现。在著名的《论浮体》一书中，他详细阐述了这一发现，总结出了著名的阿基米德定律。正是利用这个定律，阿基米德通过比较纯金与王冠排出的水量解决了国王的问题。

水上飞机

在水面停泊、起飞和降落的飞机。按照飞机的布局形式，水上飞机可分为船身式和浮筒式两类。船身式水上飞机的机身下部，按水面滑行要求设计成类似于船的特殊形状，称为船身或船体。浮筒式水上飞机是把陆上飞机的起落架换成浮筒，其机身与浮筒具有明显的分离特征，飞机浮筒通过撑杆与机身相连。

飞机的机身是在一个破旧的工棚里拼装的。运输工具仅仅是一辆大货车。即使是面对这样简陋的生产条件，威廉·波音依然雄心勃勃，誓

水上飞机模仿海豚动作

要造出最好的飞机。当时经过改造的 B&W-C 型机受到军方对其安全性的质疑，威廉·波音毅然决定亲自出马测试，他在试飞完成后发现飞机的线缆磨损严重，在极端情况下甚至会断裂。威廉·波音立即和负责日常事务的副董事长哥特联系，指出飞机质量出现问题是不可原谅的错误。从这件事也能看出威廉·波音为公司打下了重视安全和高质量的基础。波音公司最终取得了海军军方的信任，美国海军决定与波音公司签订 50 架飞机制造合同，这也是波音公司在商业史上首次获得的成功。

签订合约后，威廉·波音踌躇满志要将旧工厂扩大规模，同时将公司更名为"波音航空公司"，公司的新名称以巨大的白字印在红色屋顶上，这就是波音公司著名的"红色仓库"，这座建筑现在仍完好保存着，作为西雅图飞行博物馆的一部分静静地向世人诉说波音公司

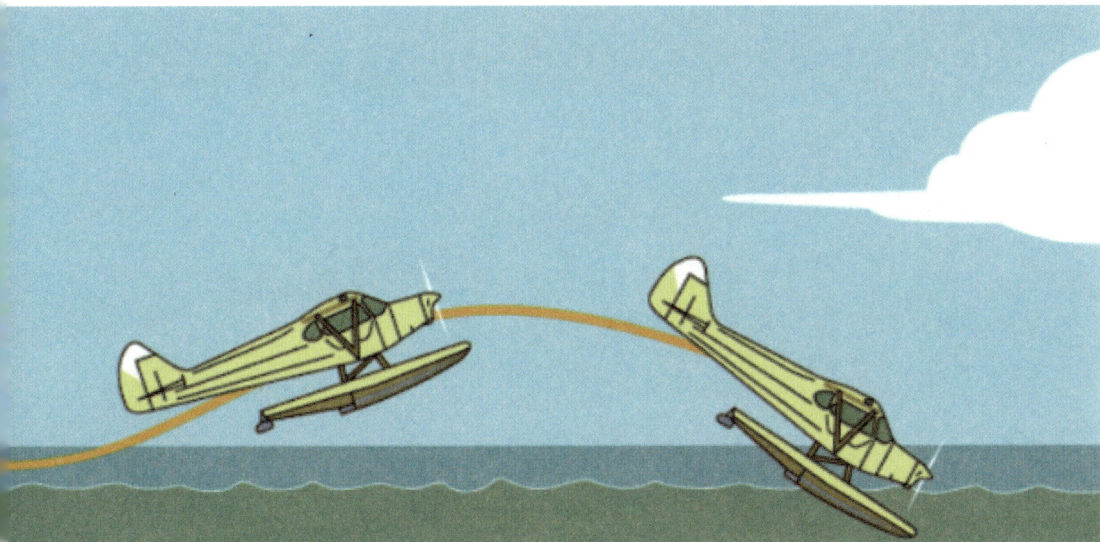

的百年历程。

　　20 世纪 20 年代，波音公司开始积极发展航空运输业务。1927 年，波音公司赢得了旧金山至芝加哥航线的运营权，为此成立了第一家子公司——波音空运公司。空运公司一成立，便从母公司购买了 24 架 40A 型机。这一购买行为又促进了母公司的飞机生产，"母子"双双得利。这是波音公司成功的营销策略之一。飞机投入航空邮件运输，宣告了商用飞机时代的诞生，波音公司由此开始了蓬勃的发展。

　　1930 年 5 月 15 日，波音公司首次在飞机上安排了一名经过训练的护士进行招待服务，这是航空飞行中首次使用空中小姐。空中小姐从此开始在航空客运中广泛流行。1933 年，波音 247 试飞成功，这是世界上首架现代化民航机，具有全金属结构和流线型外形，机上座位舒适，设有洗手间。1934 年，美国政府控告其垄断。相关法案迫使

波音公司的"红色仓库"

威廉·波音把公司一分为三，分别为联合飞行器公司、波音飞机公司和联合航空公司。同年，威廉·波音宣布退出自己亲手建立并经营了18年的公司。离开航空业后，威廉·波音转向房地产、华尔街金融投资等其他行业，依旧取得了成功。1956年9月28

流线型

以低于声速的速度（亚声速）在流体中运动的物体所受到的阻力有压差阻力、摩擦阻力等。物体流线型化是减小运动物体阻力，特别是压差阻力的重要措施。例如，当空气速度为338千米/小时时，流线型机翼所受阻力只有圆柱体所受阻力的1/9.3。

日，威廉·波音在西雅图去世。

在威廉·波音的墓志铭上有这样一段话："我努力地想让我周围的人像我一样，感觉到我们是一群新科技新工业的拓荒者，我们所面临的难题，都是前人所未见与未闻的。"对航空事业矢志不渝的坚持和远见卓识使威廉·波音成为美国民用航空业的奠基人。通过艰苦的奋斗，他也为公司的发展拓出了一片蓝天。

首位总工来自中国

除了威廉·波音，波音公司初期的兴起和一位中国人密不可分，他就是波音公司史上首位航空工程师——王助。

2005 年 8 月 22 日，波音公司曾在博物馆举行一个庆祝活动，主题就是为了表达对王助在公司创业初期的感谢。博物馆中陈列着有关王助的资料、照片和一块雕刻有王助肖像的铜匾，其中的纪念文告上这样写着："最早，而且最好（First, and best）。"这些都记录了世界航空工业的萌芽时期，一个中国人的传奇、一位先行者的艰辛与蹒跚。

王助，字禹朋，1893 年生于北京，原籍河北。1908 年，王助进入烟台海军水师学堂学习。1909 年，他考取官派留学，赴英国学习造船与机械。当时的王助只有 16

王助

岁，可谓少年有成，同行者包括巴玉藻、王孝丰等。在英国学习期间，他开始接触飞机制造领域。1912年暑假，王助与巴玉藻凑钱到温德梅尔湖区，跟着飞行家波特飞行了一次，从此便与航空结下了不解之缘。经过6年苦读，1915年6月，王助从英国杜伦大学毕业，获机械工程学士学位。随后，他与好友巴玉藻、王孝丰等人转赴美国，进入麻省理工学院攻读航空专业。1916年夏，王助获得航空工程硕士学位。

麻省理工学院是全美第一个开办航空工程专业的大学，该专业于1914年开办。1915年6月，第一届航空硕士毕业，其中就包括乔治·韦斯特福特。由于韦斯特福特的离开，威廉·波音急需寻找一位新人继续飞机设计，在韦斯特福特的大力推荐下，王助来到了西雅图，与威廉·波音一拍即合，被委以继续设计飞机的重任。王助也因此成为波音公司的首位工程师。

在当时，王助是美国为数不多的几位学过航空专业的稀有人才。由于美国的航空业尚在草创期，威廉·波音十分器重王助，委以公司总工程师的重任。那时的王助不过23岁。20世纪50年代，王助应聘台湾成功大学教授职位时，履历表上填写的第一份工作，就是波音公司的总工程师，这份履历表陈列在波音公司飞行博物馆王助展区内。

1916年7月，威廉·波音正式成立了太平洋航空器材公司，但他与韦斯特福特共同设计的B&W飞机始终无人问津，美海军部因发现这种飞机升空后有某些故障而不愿意订货。王助很清楚B&W

飞机的缺点，他的目标就是要提高飞机起降的成功率。经过多次改进，王助在飞机原型的基础上提出了新的设计方案，称为 C 型机（ModelC）。

王助的设计大大提高了飞机的性能，经过多次设计修改，1916 年 11 月 23 日，B&W-C 型 机试飞成功。B&W-C 型机是一种双浮筒双翼、双人座教练机，最高时速 117 千米，巡航时速约 105 千米，飞行高度 1981 米，最大航程 322 千米。由于飞行性能稳定，加

威廉·波音（右）驾驶波音 C 型机

上当时美国已经参加第一次世界大战，所以美国海军在 1917 年 4 月决定订购飞机 50 架，金额 57.5 万美元。这笔订单对于刚刚成立不到两年的公司来说，简直就是一笔巨款。根据波音公司的资料，1917 年初，公司共有 28 名雇员，所有工资开销每周约 700 美元，最低工资每小时才 14 美分，相对人力成本来说，57 万美元就是一个天文数字。正是这笔订单，使得波音公司站稳了脚跟并逐步走上正轨，发展成为世界上最大的飞机制造公司。

1917 年 11 月，王助与巴玉藻以及另外两位同时在美留学、工作的王孝丰、曾贻经一起回到了中国。关于他们回国的动因，巴玉藻后来在自己的著作中曾提过："我们进厂的时候适好碰到一个很好的机

1914～1918 年同盟国集团和协约国集团之间为重新瓜分殖民地和势力范围、争夺世界霸权而进行的第一次世界规模的战争。这场帝国主义战争历时 4 年 3 个月，战火燃遍欧洲大陆，延及非洲和亚洲，大西洋的北海海域、地中海和太平洋的南部海域都曾发生激烈的海战。先后卷入这场战争的有 33 个国家，人口在 15 亿以上。

会……所以在 1917 年的时候我们就觉得，我们很可以回去创造起来了。我们的建厂计划在这个时期成熟。"虽然巴玉藻没有详述这个所谓的"很好的机会"是什么，用了省略号，但著作中却明确记载了"我们的建厂计划在这个时期成熟"。可见，王助、巴玉藻、王孝丰、曾贻经四人结伴同时回国，目的很明确，就是要建立中国自己的飞机制造厂。

1918 年 2 月，中国首家正规的飞机制造厂——马尾船政局海军飞机工程处成立，王助被任命为副处长。1919 年 8 月，王助与其好友巴玉藻为中国海军成功设计制造了第一架水上飞机——"甲型 1 号"初级教练机。

1922 年 8 月，王助与巴玉藻合作，设计了世界上第一个水上飞机浮动机库——浮坞，由上海江南造船所制造成功，解决了水上飞行停置和维修的难题。浮坞建成后，曾在长江上使用，性能良好，效果不错。1933 年 8 月，航空署隶属军事委员会（1934 年 5 月改组为航委会）议定筹设杭州飞机制造厂，并在上海成立了建厂筹备处，后迁往杭州办公。王助倡议与外国厂商合作建厂，以吸收外国先进技术和管理经验。南京国民政府通过外交途径和当时的三大空军强国——美国、德国和意大利分别谈判，欢迎他们来中国合资建厂。王助和钱昌祚、朱霖等人以中国技术专家身份参与和三国飞机制造厂商签订三项合同的谈判和签约。与美国合资经营的是中央杭州飞机制造公司，简称中杭厂，厂址选在杭州笕桥。

1934 年 6 月底，中杭厂建成投产，王助被任命为第一任监理，是中方最高负责人。他在任的 3 年间，中杭厂修理、组装和制造飞机235 架，其中包括"道格拉斯"教练机、"霍克-Ⅱ"和"霍克-Ⅲ"战斗机、"弗利特"教练机、"雪力克"截击机和"诺斯罗普"轻轰炸机等。中杭厂在抗日战争中发挥了很好的作用，还为我国早期航空工业培训出一批素质较好、技术过硬的技术人员和技术工人。这与王助的监督和指导是分不开的。

王助还和我国的"航天之父"钱学森颇有渊源。1934 年，王助担任钱学森留美前的导师，他曾安排钱学森到国内各飞机相关制造厂见习，并指导工厂技术实践和制造工艺。王助非常欣赏钱学森，特意叮嘱钱学森要注意工程技术实践和工艺的问题。他还以个人名义给自己在麻省理工学院的老师亨萨克去信，为钱学森赴美学习做好铺垫。钱学森在晚年曾亲手写下对自己影响深刻的 17 位老师的名字，其中就包括王助。

1937 年 7 月，中国航空研究所在成都成立，空军副总司令黄光锐任所长，王助任副所长，是研究所的实际负责人。航空研究所成立的初衷是利用国内资源，来解决中国空军飞机航空器材的补充问题。研究所成立初期，业务部门下设器材、飞机、空气动力3个组，王助兼任飞机组组长。在王助的领导下，研究所先后研制出国产层板、蒙布、酪胶、油漆、涂料等，创造出以竹为原料的层竹蒙皮和层竹副油箱，研制出以木结构代替钢结构的飞机，解决了空军之急需。

1955年，王助卸下重担，隐居台南，在台湾成功大学机械工程系讲授航空工程，向青年学子传授其毕生所学。1965年3月4日，王助在台南病逝，终年73岁。

王助一生任劳敬业，成果卓著。他是航空史上一颗耀眼的明星，为世界飞机工业开拓了商业与军事领域的发展空间，为创建和发展中国的航空事业奉献了毕生精力，成为中国航空工业杰出的奠基人。

百年波音让普通人飞上蓝天

在美国西雅图，波音公司的飞机博物馆是旅行团必去的一个旅游景点。大概很少有公司像波音这样，可以自豪地将公司经典产品一一陈列，参观虽然收费，仍旧吸引了来自世界各地的参观者。这里所展现的不仅仅是波音公司引以为傲的力作，也是全球航空业的发展历程。

从运邮件到载旅客

1918 年，第一次世界大战结束，大量廉价的军用飞机充斥市场。不过，当时美国航空邮件服务的需求很旺盛。1919 年 3 月，威廉·波音和同事哈巴德驾驶波音 C 型水上飞机开辟了从加拿大维多利亚至美国西雅图之间的航空邮件航线。这是第一条国际航空邮件航路。此后，波音公司开始涉足航空邮件业务，并越做越大。它把战时的双翼机通过更换金属管结构机身改装成能运输更大载荷的邮件运输机，获得了市场认可。其中，DH-4 飞机经波音公司更换轻质钢管结构机身后成为美国 20 世纪 20 年代的主要邮件机，波音公司也因此获得了大量资金。

在波音公司早期的水上邮件飞机中，有一款机型特别值得一提，那就是波音 6 型飞机。波音 6 型飞机于 1919 年首飞，和以往的波音水上飞机很不相同，它抛弃了笨重的浮筒，转而采用船身式设计，即利用船形的机身实现水面起降。船身式设计的波音 6 型飞机阻力大为减小，载重量大增，除了可以运输邮件外，还可以容纳一名飞行员和两名乘客。在 8 年的服役生涯中，波音 6 型飞机几乎独立承担了从西雅图往返加拿大维多利亚的国际邮件航班飞行任务。

在经历了航空钢管、电焊工艺等一系列技术革新后，1925 年，波音公司推出了波音 40 型飞机。这是波音公司第一种进入满负荷生产状态的商用飞机，它于 1927 年投入服务。由于波音 40 飞机空机重量很小，这使它能装载比竞争对手多一倍的有效载荷。

波音 40 型飞机

因为有效载荷大，运营成本低，波音 40 飞机在竞争中为波音公司争取到了利润丰厚的政府合同，这款飞机承担了芝加哥和旧金山之间的运输邮件业务。除了货舱的邮件外，波音 40 的小型客舱还可以容纳两名乘客享受这趟 23 小时的飞行之旅，从而开创了航空旅行的先河。虽然以现代人的眼光看，波音 40 的客舱过于狭小，很不舒适，但这并没有阻碍该机当时受到时尚人士的追捧。

1928 年 7 月，在航空旅行业务上尝到甜头的波音公司推出了一款个头更大的旅客机——波音 80 型飞机。这是波音公司有史以来第一种专门设计的双翼客机，它设

波音 80 型飞机

置了 12 个座位，安装了 3 台螺旋桨发动机。后来，经改进的波音 80A 型飞机可搭载 18 名旅客。

1930 年，波音 80A 开始飞芝加哥到旧金山的 20 小时航线。这种乘坐舒适的客机一度使空中旅行成为一种时髦。波音 80A 拥有封闭式驾驶舱，客舱带加热功能；机身以布料覆盖，配备了真皮座椅、冲水厕所、阅读灯和热水。每架飞机上都有一名注册护士（空姐），帮助安抚晕机和过度紧张的乘客。该机的机身用铆接的杜拉铝方管取代了焊接钢管，利用支撑结构在机身两侧形成了舷窗开口，这进一步保证了乘客的舒适性。可以说，波音 80A 型飞机让波音公司走上商用航空之路，继而成为现今商用飞机生产的巨擘。

从双翼机到单翼机

为顺应时代潮流，1930年，波音公司推出了自己的首款单翼邮件飞机——波音200。这种飞机外形圆滑，结构为全金属；发动机配置了流线型的整流罩，后期型号的起落架可收放。波音200飞机一改双翼布局，采用单翼，速度比此前的波音80A双翼机快了一倍。此后，单翼飞机取代双翼机，成为波音公司乃至世界航空业发展的主流。

1930年，波音公司开始全金属客机的研制，并于1933年迎来了一个全新的时代：一款全金属的下单翼双发客机——波音247面世。该款飞机具有完美的流线型外观，被人们誉为"第一种现代客机"。波音247的诞生具有划时代意义，它首次采用半硬壳

波音247飞机

式全机身结构，可收放起落架和螺距可调螺旋桨，率先引入了控制面调整片、自动导航、机翼及水平尾翼除冰装置等先进装置及仪器，这为定义当时的"现代客机"提供了标准和参照。跟波音80型飞机相比，波音247的客舱非常舒适，它飞行快捷且更为安全。当时，波音247从纽约飞到洛杉矶需要20个小时，并设7个中途站，但仍比以往任何客机快7.5小时。它唯一的缺点就是客舱偏小，载客量偏少。

1938年底，波音307客机问世。这是世界上第一种投入使用并完

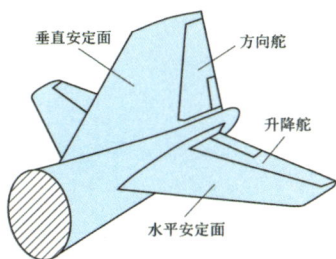

尾翼组成

飞机尾翼

飞机上安装在尾部，起纵向（俯仰）和航向稳定、配平作用，并操纵飞机保持和改变飞行姿态的部件。现代的跨声速、超声速飞机为提高高速飞行时的操作稳性能，通常采用安定面和舵面合为一体的全动平尾和全动垂尾。

全使用加压客舱的客运飞机。该机最多可搭载 5 名机组人员及 33 名乘客。它的充压客舱可以使飞机巡航高度显著提高，从而远离地表对

波音 307 客机

流层恶劣天气对飞行的干扰。和不使用加压舱的普通客机的飞行高度 1.5~3 千米相比，它的最大飞行高度大大提升，故也被称作"平流层客机"。波音

对流层／平流层

　　对流层是位于大气圈最下部与地面相接的、气温随高度降低的、具有强烈对流和湍流运动的大气层。

　　平流层是对流层顶向上到 50 千米左右，大气温度随高度增加（即逆温）的气层。在 30 千米以下，气温最初随高度不变或略增，大约到 30 千米以上，温度随高度增加很快，到 50 千米附近达到最大值（约 −3℃），即为平流层顶。由于 10 ～ 50 千米高度是大气臭氧层，在 20 ～ 30 千米臭氧浓度最大，臭氧强烈吸收太阳的紫外辐射能量并转化成分子动能，使空气温度增加，造成平流层内大气随着高度上升而升温。

307 也是首架安排飞航工程师随航负责技术性工作的客机，以便让驾驶员专心飞行。波音 307 于 1940 年开始陆续交付给航空公司，可惜没过多久便因第二次世界大战爆发而停航。

从螺旋桨到喷气式

20 世纪 50 年代初，波音公司自筹资金研制了一款名为 Dash80 的喷气式客机，它也被称作波音 367-80 喷气式客机验证机。该款飞机成为一款经典客机——波音 707 的前身，它拥有 4 台喷气式发动机。

1955 年 8 月，波音 367-80 验证机在华盛顿湖上空做了不可思议的桶滚机动，震惊了世界。1957 年，波音 707 问世，并凭借 4 台喷气式发动机的巨大优势，主导了整个 20 世纪 60 年代乃至 20 世纪 70 年代的民航服务。波音公司迅速成为全球领先的喷气式客机制造商，同时也成为世界上最大的飞机制造商。波音 707 引领了人们乘坐喷气式

根据发动机类型的不同，喷气式飞机可分为涡轮喷气（简称涡喷）式飞机、涡轮风扇（简称涡扇）式飞机、火箭飞机、冲压发动机喷气式飞机和组合动力装置的喷气式飞机。喷气式飞机的巨大推进功率和在高速飞行时的推进效率使它成为高速飞行、特别是超声速飞行的理想航空器。

喷气式飞机

客机旅行的新潮流，定义了什么才是真正的现代喷气式客机，使得螺旋桨客机被迅速淘汰。1959 年，波音 707 改装的 VC-137 客机正式成为美国总统的座驾"空军一号"。值得一提的是，波音 707 还开创了该公司客机以 7X7 形式来命名客机的传统，成为波音客机 7 字头系列的重要开端。

> **能量守恒定律**
>
> 能量既不会消灭，也不会创生，它只能从一个物体转移到另一个物体，或者从一种形式转化为另一种形式。一种能量的消失，必然伴随着其他形式能量的产生，并且无论形式如何，在转移或转化的过程中，能量的总量都是守恒的。无数事实说明了各种不同形式的能量彼此都是可以相互转化的。在生活中，能量转化和守恒的应用比比皆是。

1960 年 12 月，波音公司宣布了波音 727 客机方案。3 年后，该型客机投入运营。有人说，波音公司推出的 727 犹如挖到了金矿，原本计划只生产 250 架，怎料市场反应火爆，截至 1984 年停产，销售量竟达到了 1500 余架，同时还繁衍出了货运和客货运等不同机型。波音 727 是世界上第一种销量超过 1000 架的客机，它采用"T"字形尾翼及三副后挂式机尾引擎，对跑道要求较低，是唯一采用非翼吊式发动机布局的波音客机。不过，波音 727 飞机有一个很大的缺点，那就是噪音水平很高。

20 世纪 60 年代中期，波音公司还认识到市场需要一种小型的 100 座中短程客机，于是在 1964 年启动了波音 737 项目。737 是单通道、双引擎的窄体机，看上去似乎和波音公司制造大型高技术客机的理念背道而驰；不过，这次市场机遇又被波音公司敏锐地捕捉到。波音 737 在 1968 年投入服务后迅速成为全球最畅销的喷气式客机，40 余年长盛不衰，被称为世界航空史上最成功的民航客机。作为短途航线上的主力，该款飞机至今仍在生产中，已经先后推出四代产品，波音 737MAX 在 2016 年的范堡罗航展上备受关注。

1966 年，雄心勃勃的波音公司总裁威廉·艾伦启动了波音 747 项目，意欲打造世界上最大的喷气式客机，这是波音公司有史以来最大的一次豪赌。波音 747 研制成本巨大，到 20 世纪 70 年代初，波音公司已经欠下了 20 亿美元的债务，一度濒临破产。

然而，在"747 之父"、波音传奇设计师乔·萨特的带领下，1968 年 9 月，首架波音 747 下线，次年 2 月首航，一举扭转了波音公司的被动局面。该型飞机可以搭载 500 余名乘客和服务员，航程达 9656 千米，成为 20 世纪最具标志性的喷气式客机。

波音 747 的大小是波音 707 的 2.5 倍，为上下两层，是全球首架宽体客机。它的载客量是当时其他任何客机的两倍多，拥有洲际航程，彻底改变了航空业的面貌和人们的出行方式。波音 747 于 1970 年开始服役，改写了航空历史，显著提高了飞机航行的经济性，使数百万负担不起旅费的人们有可能进行洲际旅游。作为全球最大的民航机，波音 747 垄断着民用大型运输机的市场，在空客 A380 投入服务之前，波音 747 保持全世界载客量最高飞机的纪录长达 37 年。

具有"珍宝客机"美誉的波音 747，也是现役的美国总统专机"空军一号"采用的机型。不仅如此，美国国家航空航天局也曾多次使用"大块头"的波音 747 来运输航天飞机，运输的方式就是将航天飞机固定在波音 747 的机背上。

1978 年，为了提高产品线竞争力，波音公司连续推出了另外两种新型客机，分别是单通道的窄体客机——波音 757 和双通道的宽体客机——波音 767。757 与 767 两者的驾驶舱设计相同，机组及维修人员很容易同时掌握这两种飞机。这两种飞机也是波音民航机中首先使用两人操控的驾驶舱，还是波音客机中最先采用电子飞行仪表的客机。它们和波音 737、747 一道，构成了波音公司的产品体系。

20 世纪 80 年代末，波音公司成立了先进产品部门，负责制订未来客机的发展计划并确保产品的先进性。这个部门实施的第一个发展计划就是卷土重来的双发宽体大型客机——767-X，后来更名为波音 777。

波音 777 的座位数为 300~370 座，介于波音 767 和 747 之间，虽不以体型称雄，却创下无数飞行纪录。1993 年，波音 777 成为波音公司历史上首架采用飞机控制系统（fly-by-wire）的喷气式飞机，也是航空历史上首架完全以电脑设计开发的商用飞机，它正式开启了飞机的模块化生产之路，现在波音飞机的零件来自世界各地，之后再进行组装。波音 777 飞机之所以非常成功，是因为具有良好的经济性和高效性。

在波音 777 之后，波音公司先进产品部曾打算研发一款超声速巡航客机，即"声速巡航者"；然而，该机型受到了各大航空公司的冷遇，"声速巡航者"项目随之取消。

2005 年，在"声速巡航者"项目取消后，波音公司把资源转向研发全新的波音 787，其设计中大量使用"声速巡航者"中开发的新技术。为了实现节油 20% 的目标，波音 787 采用了全新的高效率发动机和复合材料机身，成为全球第一种主要采用复合材料制造的主流客机，有"梦想飞机"之称，不仅燃料效率高，而且拥有更大的窗口，机舱更宽阔舒适，可以给乘客更好的飞行体验。

波音飞行器中的黑科技

"飞剪船"：从水上起飞

美国两面临洋，适于水上飞机的发展。鉴于波音公司此前在水上飞机方面的不俗表现，1936 年，泛美航空公司与波音公司签订了 6 架远程水上旅客机的合同，旨在开辟横越大西洋与太平洋的国际航线。

1938 年 6 月，37.5 吨的波音 314 快速水上飞机首飞成功，成为当时最大、最豪华的远程飞机。飞机上有卧铺，有特设的餐厅，可搭载 74 名旅客，巡航时速 300 千米。

波音 314 的绰号为"飞剪船"，它采用典型的双翼水上机设计，下机翼兼作浮筒，双翼间的肋条完全被取消。为满足横越大西洋与太平洋的长航程需要，波音 314 的体型设计得十分庞大，机长约 32 米，翼展约 46 米，安装了 4 台大功率怀特 GR-2600 双缸发动机。它的诞生为国际航空业的腾飞做出了巨大贡献。

"驭波者"空天飞机

"鬼怪工厂",又名"鬼怪工程部",是波音公司的先进武器及防务技术研发部门,主要负责研发尖端武器产品,其中涉及许多高度机密项目。"鬼怪工厂"从来就不缺大手笔,出尽风头的 X-51A "驭波者"高超声速飞行器与 X-37B 无人航天飞行器就是它的杰作。

X-51A 高超声速试验飞行器的最大飞行速度超过 5.1 马赫(1 马赫 =1225.08 千米 / 时),最大航程超过 740 千米。2013 年 5 月 1 日,X-51A 首次试飞成功,达到了 5.1 马赫高超声速速度,并持续飞行了 210 秒。

巡航导弹

所谓巡航状态,是指导弹经助推器加速后,主发动机的推力与阻力平衡,弹翼的升力与重力平衡,以近于恒速、等高度飞行的状态。在这种状态下,单位航程的耗油量最少。不同类型的巡航导弹弹道组成不一样。典型的飞行弹道通常由起飞爬升段、巡航(水平飞行)段和俯冲段组成。未来巡航导弹将向隐身化、精确化、高速度、大射程、智能化的方向发展。

和一般巡航导弹相比,X-51A 还有着三大优势。第一,反应速度快。亚声速巡航导弹打击 1000 千米外目标需要一个小时,而 X-51A 只需要十几分钟。第二,突防能力强。巡航导弹主要依靠超低空飞行和隐身技术来突破敌方防御,由于速度慢,暴露后易被拦截，而对于在高空飞行的 X-51A 来说，现有的防空武器对它基本无计可施。第三，破坏力大。X-51A 有着惊人的动能，即便是钢筋混凝土的打击目标，它也能钻进去十余米，特别适合打击深埋于地下的指挥中心等坚固目标。

X-51A 被美军列入"一小时打遍全球"的武器库当中，其研发团队也被授予国家奖章，获奖声明称：X-51A 的试飞成功对美国的航空界有划时代的意义。

事实上，目前世界上第一种投入使用的军用空天飞机 X-37B 也出自波音公司的"鬼怪工厂"。2010 年 4 月 22 日，花费 10 年研制的全新无人"空天战机"X-37B 首次试飞。这种外形和功能都酷似小型航天飞机的战机通过火箭送入轨道环绕地球飞行，然后以滑翔方式返回地面。

作为一种可自主返回的航天器，X-37B 拥有类似机翼的结构，具有一定的大气层内飞行性能，这与传统的航天器有着本质的区别。X-37B 与航天飞机的外观有些近似，但整体规模要小得多；它的翼展为 4.5 米，高度 2.9 米、长 8.9 米，几乎把运载火箭的整流罩挤得满满的。

X-37B 的活动范围极大——从 200 千米的近地轨道至接近 1000 千米的轨道——这也正是 X-37B 任务的精华所在：它能在任何时间进入任意一条轨道，执行在轨侦察、反卫星、轨道轰炸、捕获敌方卫星等任务。

X-37B 无人航天飞行器

"掠食鸟"隐身技术

美国有许多"黑项目",而"掠食鸟"飞机便是其中之一。"掠食鸟"飞机仅建造了1架,是波音公司和麦克唐纳·道格拉斯公司研制的一种飞机,主要用来验证隐身技术。

"掠食鸟"飞机于 1996 年 9 月首飞，其研制费用为 6700 万美元，同其他项目相比，成本算是较低的。

"掠食鸟"飞机配备有 1 名试飞员，全长 14.22 米，翼展 6.91 米，高 2.82 米，最大起飞重量 3.3 吨，最大航速为 482 千米／小时。

从外观上看，它的"科幻值"很高，会不由得让人想起影片《绝密飞行》里面的艾迪无人机。它的外翼有一部分是向下折的，机头看起来像一把巨大的宝剑。这架飞机先后共进行了 39 次飞行，当作为一架验证机的使命结束之后，于 1999 年 4 月退役。

"掠食鸟"隐身技术验证机属于美国国防部"黑色计划"绝密项目，该机甚至都没被授予 X 系列代号。这架飞机即便是退役了，也是在很久之后才被公开的，外界知道它的存在是 2003 年。在该机上验证的隐身技术后来被大量应用于波音 X-45 系列无人战机。

降低飞机、导弹、舰艇、坦克等目标的可探测特征，使敌方探测设备难以发现的综合性技术。包括雷达隐身技术、红外隐身技术、可见光隐身技术和声波隐身技术等。其中发展最快、应用最广的是雷达隐身技术。如美军第一代隐身飞机 F-117A，采用独特的多边形大块平面和直线边缘走向集中于 4 个角度上的外观设计，武器内收，将雷达电磁散射限制在几个极窄的方向上，降低了雷达来波方向的（后向）散射。

隐身技术

"鬼怪鳐"无人战机

X-45 是美国军方提出的一项先期概念演示计划，其主要任务是用来验证无人作战飞机的技术可行性，以便更快、更高效地应对 21 世纪的全球突发性事件。波音公司承担了本次 X-45 无人作战飞机项目。

2002 年 5 月，波音公司的第一架 X-45A 无人机在美国爱德华兹空军基地完成了首次试飞。飞行总共持续了 14 分钟，飞行速度达到了 360 千米每小时，飞行高度 2280 米。此次飞行不仅标志着美国无人战斗机（UCAV）计划取得了初步的成功，也让波音公司上下兴奋不已。

X-45A 采用无尾翼设计，以一台涡扇喷气发动机作为动力，具备自动驾驶能力。机身内部有两个武器弹舱，其中一个携带设备，另一个可挂载一枚 450 千克的炸弹。

2003 年 4 月，美国国防部要求波音公司改进正在研制的 X-45B 验证机，以便同时满足美国空军和美国海军的作战需求。于是，接到指令的波音公司将新方案命名为 X-45C 验证机，并终止了尚处于设计阶段的 X-45B 方案。

按照计划，波音公司从 2004 年 6 月开始组装首架 X-45C 验证机。然而，美国空军和海军在无人战斗机作战需求方面产生了巨大差异，该计划被终止。波音公司的 X-45C 无人机方案也随之搁浅。

不过，波音公司并未放弃这个项目。为了在今后的战术飞机市场占据一席之地，波音公司从 2007 年夏天开始酝酿一项名为"鬼怪鳐"

的项目，并决定重启处于冻结状态的 X-45C 验证机。直到 2009 年 5
月，公司才向外界初步透露了这一情况。

2011 年 4 月，波音公司研制的"鬼怪鳐"验证机终于在爱德华
兹空军基地秘密完成了首次飞行。"鬼怪鳐"以 X-45C 验证机为原型，
总体设计上非常简洁，外表极其光滑，从前方看，就如同深海中的鳐
鱼，并因此而得名。

它采用飞翼式布局，不仅可以显著降低气动阻力，在所装燃油量
一定的条件下可大大增加航程，而且省去了相关的结构材料和操纵机

鳐鱼

鳐身体呈菱形或圆形，胸鳍宽大。内骨骼完全由软骨构
成。眼睛和喷水孔长在背面的头顶，口、鼻和鳃均在腹面，
这些都是适应底栖生活逐渐演化来的。不同种类体型大小
差异很大：猬鳐仅 50 厘米或更小；线板鳐的胸鳍展开后达
8 米。

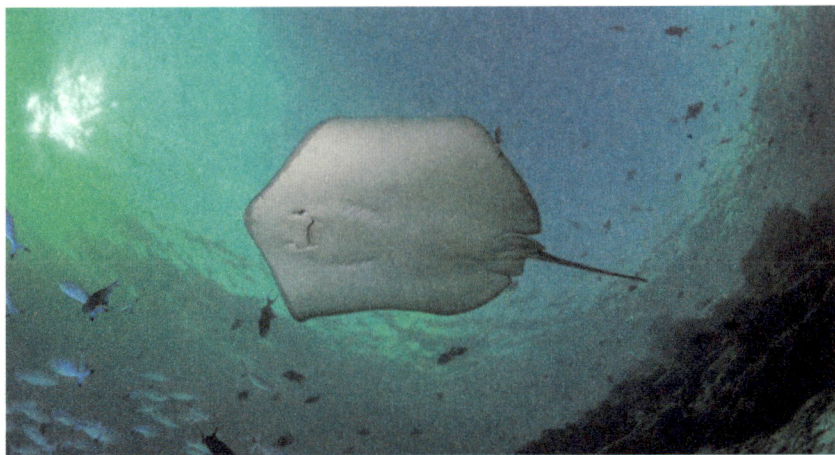

构，使结构重量明显减轻。"鬼怪鳐"机长约为 11 米，翼展 15.2 米，总重量 16.5 吨。在性能方面，其巡航速度为 0.8 马赫，设计使用高度 12100 米。

"鬼怪鳐"承袭了 X-45C 验证机的武器舱设计，尺寸上与 F-35 战斗机的武器舱完全相同，可以携带 8 枚"小直径炸弹"。在不进行空中加油的情况下，它的往返航程超过 1800 千米。

这款验证机可以被看作是美国海军舰载无人驾驶监视与打击系统计划的"起点"。同时，波音公司也希望以"鬼怪鳐"作为试验平台，来研制未来的无人战机系统技术。

两万米高空中的"鬼眼"

2021 年 3 月 13 日，波音公司宣布"鬼眼"高空长航时 (HALE) 无人机已进行了首次中速滑跑试验。按照设计要求，这种氢动力无人机用于执行持久性情报、监视、侦察 (ISR) 和通信任务。首次试验是 3 月 10 日在 NASA 德赖登飞行研究中心的协作下于爱德华兹空军基地完成的。地面人员利用波音公司的先进共用开放式任务管理指挥和控制软件遥控其方向。

"鬼眼"翼展 46 米，设计飞行高度达 19800 米，携带 200 千克有效载荷时可留空 4 天。"鬼眼"采用氢动力推进系统，这与其超乎寻常的燃油经济性和强大的续航力相匹配，从而显示了满足潜在用户长航时 ISR 任务需求的新的巨大可能性。

折翼的波音 737MAX8 客机

2019 年 3 月 10 日，埃塞俄比亚航空公司一架由亚的斯亚贝巴飞往内罗毕的波音 737MAX8 客机在起飞后不久坠毁。机上 149 名乘客与 8 名机组人员全部遇难，其中包括 8 名中国籍乘客。

飞机总装需要完成的具体工作有：①大部件对接包括机身各段（机头、机身中段、尾段）、机翼、尾翼和发动机短舱等的对接。②保证飞机产生动力的动力装置（含辅助动力装置）的安装；保证飞机起降、滑行、停放的起落架装置的安装与调整。③保证飞机各种飞行功能的系统的安装，如操纵系统、液压系统、燃油系统、环境控制系统、导航系统、电源系统及各种飞行仪表；满足飞机各种使用功能的系统的安装，如武器系统、火控系统、救生系统、生活设施及特殊用途功能系统等。④对各种系统和装置进行压力、时间、电阻、电流、电压等的测量，以及对收放、开关、同段、告警、搜索、瞄准和发射等飞行和使用功能进行试验。

飞机总装

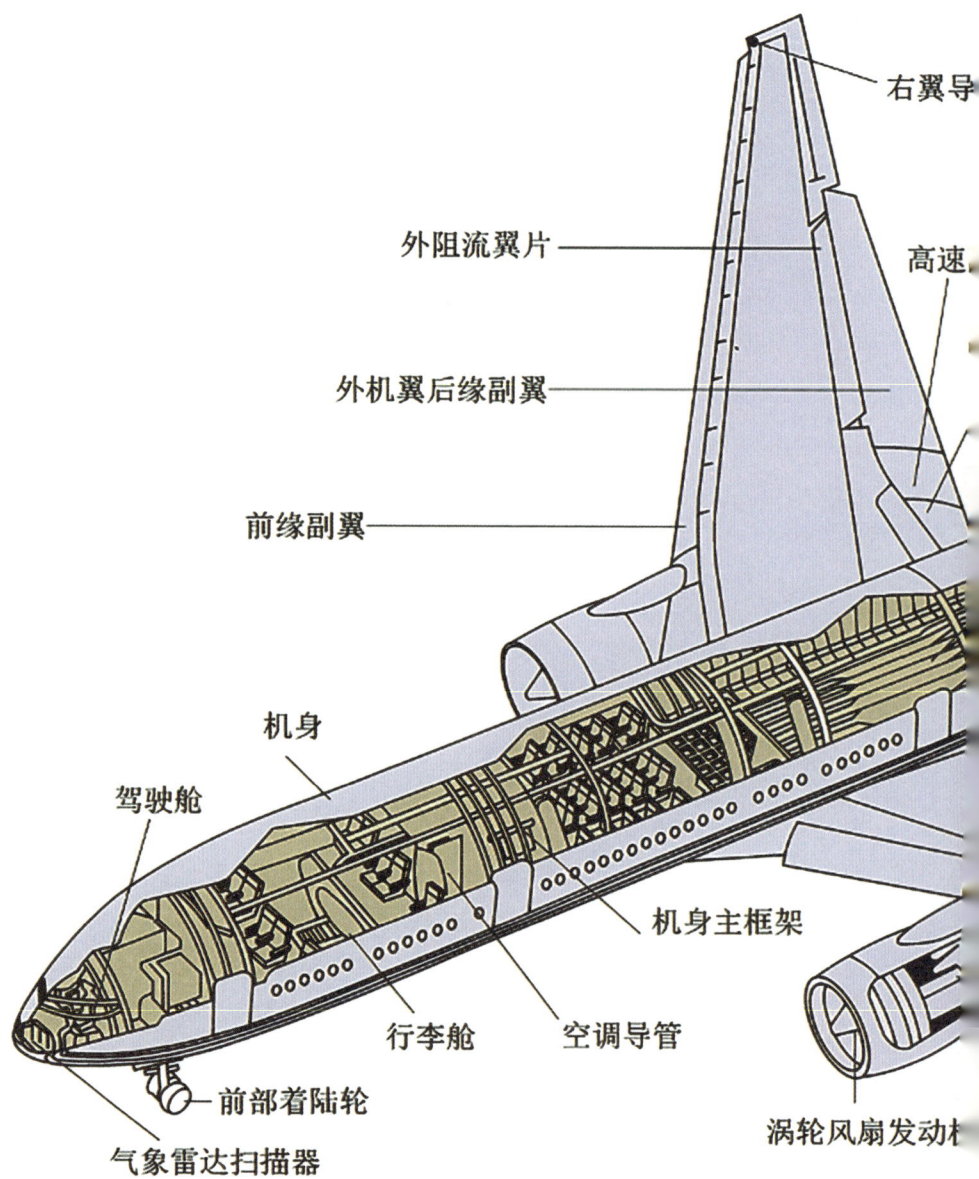

右翼导

外阻流翼片

高速

外机翼后缘副翼

前缘副翼

机身

驾驶舱

机身主框架

行李舱

空调导管

前部着陆轮

气象雷达扫描器

涡轮风扇发动机

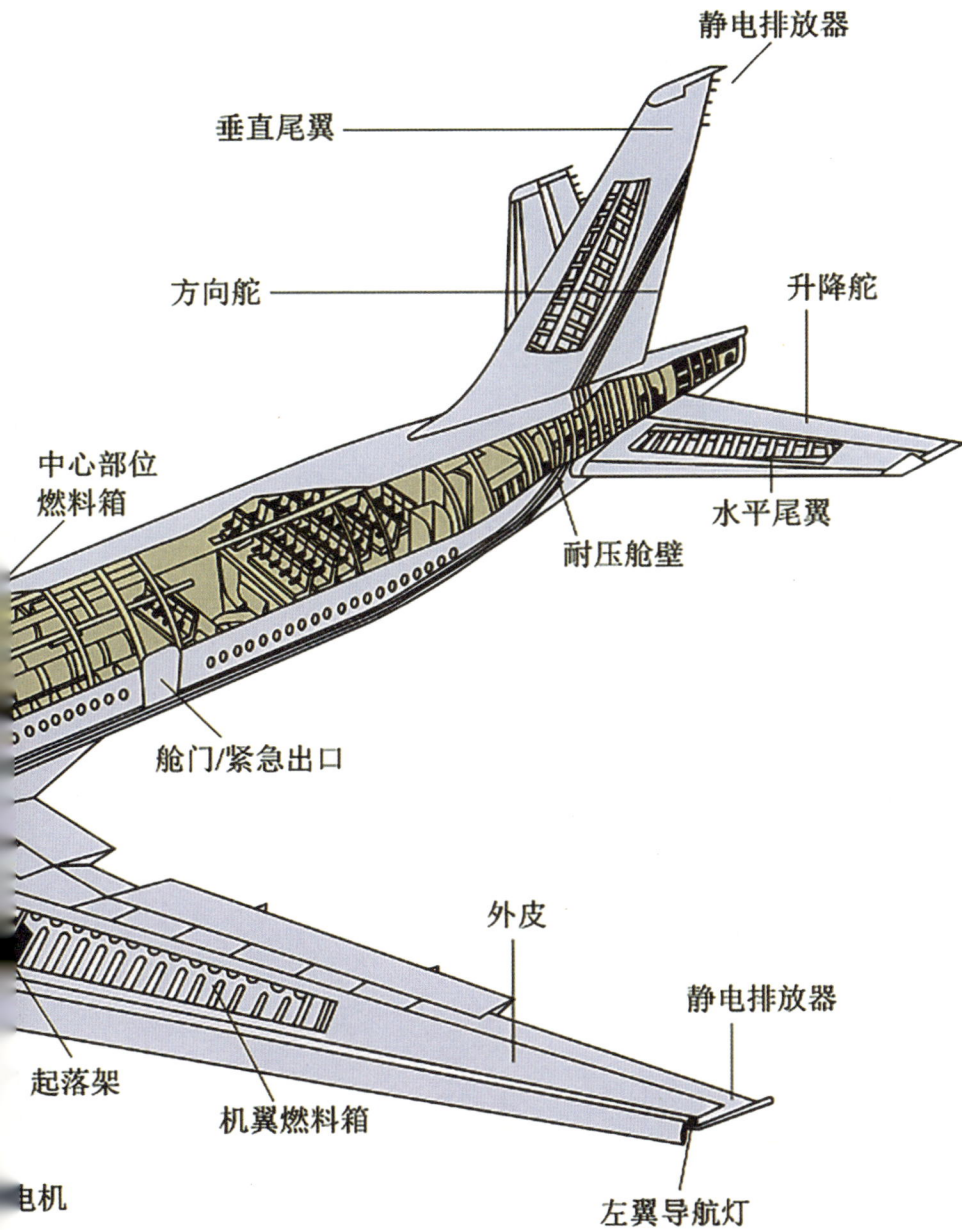

静电排放器

垂直尾翼

方向舵

升降舵

中心部位
燃料箱

耐压舱壁

水平尾翼

舱门/紧急出口

外皮

静电排放器

起落架

机翼燃料箱

电机

左翼导航灯

埃塞俄比亚航空坠机事件是在 5 个月内发生的第二起涉及波音 737MAX8 客机的空难事故。2018 年 10 月下旬，印尼狮航的一架 737MAX8 航班也是在起飞后不久即坠毁于爪哇海，机上 189 人全部遇难。

事件发生后，包括中国、欧盟、英国、印度等在内的很多国家和地区均宣布停飞或禁止 737MAX8 机型进入领空。

737MAX 为何成为致命客机

被推上风口浪尖的波音 737MAX，曾被波音公司视为是适应小型、高效、长航程的客机发展趋势的。波音 737MAX8 为什么会接连发生空难，还要从商业竞争以及波音 737 的设计说起。

在 2011 年 6 月的巴黎航展上，空客公司推出了新机型 A320neo，该客机赢得了 600 架的订单。空客 A320neo 飞机加装了 CFM 公司的最新款发动机 Leap-1A，这成为该机的最大亮点。空客公司宣称，该款飞机比同期的波音 737NG 省油 3% ~ 4%。面对竞争对手的步步紧逼，研发新的波音客机迫在眉睫。是改良原有 737 飞机机型，还是设计研制一款全新的飞机？波音公司犹豫了。不过，波音公司很快选择了前者，也就是推出波音 737 的最新改良版 737MAX。

竞争对手空客 A320neo 飞机的发动机为 CFM 公司的 Leap-1A。为了省油，737MAX 的发动机换装成同款的 Leap-1B。换装后的 Leap-1B 发动机直径或者说压力风扇的外涵道增大了，燃油效率显著提高。随后波音公司对外宣称，737MAX 比空客 A320neo 更省油。

更换发动机本身无可厚非，但波音 737 飞机外观有个传统特征，那就是起落架短，即俗称的"腿短"。这就导致旧起落架的"短"和新发动机的"粗"在设计上构成了一定矛盾。在原机翼下方位置安装的 Leap-1B 发动机眼看就要着地了，于是波音公司只能把 737MAX 上的 Leap-1B 发动机顺着机翼前移，同时抬高安装位置。

这一变动改变了飞机的空气动力学，使得发动机与 737MAX 机翼无法相切。当飞机在飞行中稍微一抬头，机翼上方就容易出现乱流，导致发生航空学中所谓的"失速"现象。飞机失速后，升力会瞬间下降，给客机飞行带来危险。

为解决失速问题，波音公司专门在飞机操纵与控制系统里加装了 MCAS。MCAS，中文名为"机动性能增强系统"，是为 737MAX 客机专门设计的，此前的波音 737 飞机上都没有。在感知到传感器传感的飞机攻角（机翼的迎角）过大，飞机要失速时，MCAS 才会启动，强制飞机低头。

波音公司的设计看起来是如此合理，可以神不知鬼不觉地解决失速问题，但为什么还会在短时间内接连发生两起相似的空难？原来问题就出在了 MCAS 的迎角传感器上。

从理论上讲，MCAS 的设计是符合逻辑的，只要正确测出飞机的迎角数据并自动执行相应操作，飞机就可以避免失速。但在实际应用中，MCAS 还是存在不足之处，比如迎角传感器传感的迎角数据一且出错，迎角传感器被外来物卡住，或者被风吹短路了，接收到了错误的迎角数据（实际上迎角是正常的）就可能发生自动压低机头的情况。面对突发状况，飞行员手忙脚乱，焦头烂额地不知如何是好，于是拼命人工拉高机头，"人机互搏"，导致空难发生。

几个疑团值得探讨

波音737MAX8空难发生后，一直有几个疑点备受各界关注。

第一个疑点：波音公司为何选择继续改良737，而不是设计一款全新机型？

这主要是经济利益使然。总的来看，波音737系列飞机的设计是成功的。基于一款现有的成熟机型进行修改，从短期来看成本最低，最省事也最快捷。如果只进行小改动，是最经济的。以前面提到的起落架为例，为换装最新大直径Leap-1B发动机，波音公司如果将起落架高度增加，问题不就迎刃而解了吗？然而对于飞机设计来说，牵一发而动全身，改变起落架设计，代表了整机承重载荷的变化，更会引发一连串的问题：增长起落架后，起落架舱要变大，密密麻麻的管路和线路要重新设计，液压油箱等大部件需要重新布置……基本就意味着重新设计机身了。

面对激烈的市场竞争，波音公司最终选择了"短平快"的原737飞机改良方案。

第二个疑点：空难飞行员为什么不关掉MCAS系统，转为纯人工驾驶？

实际上，波音737MAX8飞机的MCAS系统是可以手动关闭的。但遗憾的是，两次空难中，飞行员都没有关掉MCAS系统，其原因主要在于：作为正常流程，737MAX飞机的培训方案和飞行手册要告知飞行员新机与前代机发生的变化，以及安全驾驶所需的信息。但事实是，在737MAX的飞行手册中，波音公司隐瞒了MCAS，因此飞行员并不知道该系统的存在，因而也就无法在危急关头关闭MCAS。

第三个疑点：波音737MAX飞机为何能够顺利通过适航审定？

现在看来，737MAX的飞行控制系统在设计上是存在巨大缺陷的。但问题是，737MAX飞机为何可以轻易通过美国权威适航审定部门FAA（航空管理局）的适航审查？这里的原因恐怕有两方面：首先，百年来波音公司飞机的安全记录与优良业绩为其赢得了极高的业界地位和良好的声誉，实际上FAA已将部分机型的安全评估工作授权给波音公司自己去做，导致波音公司成了"运动员兼半个裁判员"；其次，作为政府部门，FAA虽说是专业机构，但不管是专业上还是人手上都长期仰仗最有经验和发言权的行业老大波音公司。因此，对于737MAX飞机，甚至有人称波音公司是"监守自盗"。

此后，波音公司宣布，已完成737MAX系列机型的软件升级，并会加设驾驶舱警报和提供额外的飞行员培训。软件升级之后，固定在飞机侧面的两个迎角传感器向MCAS发送数据，如果两组数据相差超过 5.5°，MCAS 系统将被禁用，以保障飞行员对飞机的操控权。此外，MCAS 控制的低头力矩不会超过飞行员拉杆所能抵消的数值。就算 MCAS 错误启动，飞行员也可以通过操作避免飞机持续俯冲。

大飞机飞出大时代

2018 年，C919 大型客机 102 架机从上海起飞，顺利完成首次空中远距离转场飞行。多地同步试飞模式由此开启。这意味着，C919 大型客机项目转入了密集研发试飞的新阶段。与此同时，C919 大型客机 103 架机的电缆管路基本铺设完成，下一步进行系统安装……2023 年 5 月 28 日，C919 完成首次商飞，首发用户为中国东方航空。

作为我国首款按照最新国际适航标准和国际主流市场运营标准研制、具有自主知识产权的干线民用飞机，C919 于 2007 年立项，2015 年 11 月总装下线，2017 年 5 月首飞成功。

十年磨一剑。一架大飞机汇聚着全国人民的殷切期待，也凝结着几代航空人的接续努力。它的出现填补了国内大型客机研制的空白，彰显了中国制造的实力和今日中国航空业的辉煌成绩，也是中国航空业 40 多年来探索、奋斗的重要成果。

在我国，大飞机主要是指起飞重量超过 100 吨的运输飞机，也包括拥有 150 座以上的干线喷气式客机。目前，全球只有美国、欧洲四国、俄罗斯和我国具有制造大飞机的能力，垄断国际干线客机市场的则只有美国的波音和欧洲的空客。国际航运体系习惯上把300座以上的客机称作"大型客机"，这主要是由各国的航空工业技术水平差异决定的。

作为一个国家核心竞争力的集中体现，航空工业从来就是大国博弈的高端平台，是国家的战略性支柱产业，强大的航空工业是一个国家建立独立自主稳固国防的重要基础，是保持一个国家国际社会地位的重要基石，也是衡量国家综合国力和科技实力的重要标尺。C919不仅承载着中华民族的使命和梦想，更是通过经验总结和科学论证的理性选择。

从零基础到运-10

如今，在上海郊外的中国商飞公司基地，停放着一架大飞机。它就是我国第一架按英美适航条例自主设计的大型喷气客机——运-10。它是一个传奇，既让人自豪，又充满悲情色彩。

1970年7月，经国务院批准，上海市开始试制生产大型运输机，大飞机代号为"运-10"。因为这项任务是1970年8月下达的，故项目代号为"708工程"。该计划的最初目标是研制国家领导人出访专机，树立大国形象，因而在性能方面强调全天候、高航速、大航程。1975年1月，运-10飞机的图纸设计基本完成。1976年，制造出了第一架静力试验飞机。1978年，全机静力试验一次成功。1979年，制造出第二架用于飞行试验的飞机，并于1980年9月首次试飞成功。

此后，运-10还进行了各种科研试飞，先后转场北京、合肥、哈尔滨、乌鲁木齐、昆明、成都等地，7次飞抵起降难度最大的西藏。

运-10飞机

运-10最激动人心的试飞是从成都飞拉萨。新中国建立后，西藏开辟了空中航线，但由于受到飞行高度的限制，所有飞机都不是真正意义上的"飞越"，而是在世界屋脊的众多高峰间"穿越"，运-10则实现了真正意义上的飞越。

到1985年，运-10共飞了130个起落、170个小时，最远航程3600千米，最大时速930千米，最高飞行升限1.1万米，最长空中飞行时间4小时49分。从性能上看，运-10客舱按经济舱178座、混合级124座布置，最大起飞重量110吨，已经达到了"大飞机"的标准，总体上与当时波音707飞机的水平相当。它的出现填补了中国大型客机研制的空白，证明了中国人能够研制大飞机。

青藏高原有世界屋脊之称。西起帕米尔高原和喀喇昆仑山脉；南缘为自西北向东南延伸，呈向南突出弧形展布的喜马拉雅山脉；东南经横断山脉连接缅甸和云南高原，东部则濒临四川盆地；东北部与秦岭山脉西段和黄土高原相衔接；北缘的昆仑山、阿尔金山和祁连山与亚洲中部干旱区的塔里木盆地及河西走廊相连。高原南北纵贯约 15 个纬度，宽 1400 千米；东西横跨 30 个经度，长约 2700 千米。总面积约 250 万平方千米。中国境内包括西藏自治区、青海省，以及新疆维吾尔自治区、甘肃省、四川省和云南省等部分地区。

西藏自治区阿里地区

此后，运-10 一直试飞到 1985 年 2 月。在大约完成了一半试飞任务的时候，拨付经费耗尽。由于经费问题及发展战略不清晰，运-10 飞机很快下马。

航空工业从来都是一个国家工业体系发展程度的综合体现，运-10 作为大型客机，其设计与建造必然反映出当时我国的民用航空工业甚至整个工业体系的整体水平。因为严重缺乏很多大型部件的生产能力，运 -10 不得不大量采用土法上马的解决方式，导致在长时间使用中出现了结构质量和寿命、安全等方面的问题。

自 20 世纪 80 年代中期停飞后，运 -10 飞机一直停放在中国商飞公司的制造基地，作为"永不放弃"的象征，激励中国民用飞机制造业前行。

"摸石头过河"的后运 -10 时期

改革开放为我国大飞机的发展带来了新的生机，也指明了方向：引进国外成熟技术或与国外厂商合作研制，在生产中掌握大型客机的结构特点和生产工艺，为以后的自主研制打下基础。

自 1984 年起，中国航空工业与美国麦道公司签订协议，实施 150 座级大型民用飞机 MD-80 的合作生产和 MD-90 国产化中美干线飞机合作项目。该项目取得了 FAA 的生产合格证，共向国内外客户交付 37 架飞机，其中 5 架出口到美国，国产化率基本达到 70%。

1986 年 8 月，数位国内航空专家建议立即着手研制 150 座大型客机。是年 12 月，国务院做出与国外合作生产、消化吸收国外技术，发展我国 150 座干线飞机的决定。与麦道公司的合作，在中国民航发展史中具有重要意义。在与麦道的合作中，我国才真正接触到西方先进的飞机生产技术、工艺和技术规范。尤其是 MD-90 型机，1989 年 11 月 14 日开始研制，1993 年第一架原型机起飞，在中型干线飞机中算是非常先进的。

MD-90 型机采用了许多高成本效益技术的设计，在技术上和经济上都具有竞争性。虽然 MD-90 型机在第一时间就拿到中国来生产；但由于亏损严重、销路问题以及麦道公司被波音公司兼并等多方面因素，仅制造 2 架后，计划即中止，上海的麦道生产线被迫关闭。受此影响，这次"以市场换技术"的尝试失败了。

20 世纪八九十年代，除了人们更为熟知的 MD-90 外，我国在"大飞机"项目上还曾有与波音 UHB、德国 MBB 的 MPC-75、空客 AE-100 的合作尝试，以及中国西安飞机公司（简称西飞公司）自主尝试的 NRJ 项目；不过，都因多方面因素未能取得成功。

在此期间，国内一些企业开始承接波音公司和空客公司的客机产品部件转包生产，只是国外公司对转包生产过程严格控制，严密封锁了核心技术。

1993 年 11 月，我国再次决定"下决心，不失时机地研制中国自己的、掌握知识产权和总体设计技术的 150 座级以上的干线飞机，力争在 2000 年前后搞出样机并取得国内适航证"。中国航空工业又一次开始寻求国际技术合作，分别与韩国、新加坡，以及波音、空客公司进行商谈。1998 年，由于空客公司以巨额技术转让费相挟，我国决定终止该项目。

这几次尝试反映了中国航空业在经济发展和社会进步的浪潮中

"摸着石头过河"的艰难与曲折。

支线客机先行探路

随着经济的发展，国内航空市场蓬勃发展，对民用客机的需求大增。在采购国外民用客机的同时，我国也出现了一批有志于发展祖国航空工业的人士。

西飞公司在国产支线客机运-7的基础上，包括改装电子设备、空调系统、内部装饰，改装翼梢小翼和失速警告系统，发展出运-7-100（Y7-100）型客机。该机驾驶舱为3人体制，载客人数增加到52人。100型可以满足复杂气象条件下起飞、航行和进场着陆的要求，基本性能和舒适性也得到了提高。1986年5月，运-7-100正式编入航班，投入运营。尽管如此，该机由于故障率相对比较高，使得运营成本增

运-7-100飞机

加，逐渐退出主流客运市场的竞争。

在吸取了 Y7-100 的经验教训后，西飞公司对其重新进行减阻、减重和优化设计。于是，一款名为"Y7-200A"的新机型诞生了。和 Y7-100 相比，Y7-200A 在发动机、导航通信设备及自动飞行控制系统、驾驶体制、座舱布局等方面都做了重大改进，是大量采用国外成熟技术的先进成品。

总体来看，在安全性、经济性、舒适性和维护性等方面，Y7-200A 均达到当代国际先进支线客机水平，价格却只有国外同类飞机的 2/3，性价比相当高。1999 年 1 月，Y7-200A 被正式命名为"新舟 60"。

新舟 60 驾驶舱为 2 人驾驶体制，机身长度较运 -7-100 型加长 1 米，载客量增加至 56~60 人，动力装置采用美国普惠公司的 PW127C 涡桨

新舟 60 飞机

发动机，比运-7-100型飞机降低油耗30%，噪声水平显著降低，大大提高了飞机的经济性和舒适性。

新舟60是我国首次按照《中国民用航空规章》第25部《运输类飞机适航标准》（CCAR-25）进行设计、生产和试飞验证的飞机。2000年6月，取得中国民航适航部门颁发的飞机型号合格证。这标志着国产支线客机的发展迈上了一个新台阶。除国内民航公司外，新舟60现已出口到老挝、菲律宾、津巴布韦和缅甸等国家。

之后，在新舟60飞机的基础上，西飞公司又研制出了新一代支线涡桨飞机——新舟600。与新舟60相比，该飞机突破了机身设计、登机门以及内饰等多项技术难题，较大地提升了飞机的安全性、维修性和舒适性。此外，新舟600飞机具有起飞距离短、节油性能好的特点，机身重量更轻，可靠性和安全性更高，寿命循环成本大大降低。

新舟600飞机

新舟 600 飞机在维护性、操控性、经济性和舒适性等方面都达到了世界同类飞机的先进水平。

该飞机于 2006 年正式立项，2008 年 10 月首飞成功，2010 年 12 月首次交付用户。

继新舟 60、新舟 600 之后，西飞公司推出了系列发展的全新涡轮螺旋桨支线飞机——新舟 700。新舟 700 的标准座级为 78 座，满载航程 1500 千米，高温、高原性能优异，可短距频繁起降，采用电传操纵，汇聚了全球顶尖供应商。

当下，国际涡桨支线市场由 ATR（法国和意大利合资的区域运输机公司）和加拿大庞巴迪公司的飞机主宰。新舟 700 飞机将打破这一格局。

在我国自主研制的支线客机中，翔凤也是很有名的，其科研代号为 ARJ21，全称 AdvancedRegionalJet21，即"21 世纪新一代支线喷气机"。ARJ21 是由中国商用飞机有限责任公司研制的新型涡扇支线飞机，亦为我国第一次完全自主设计并制造的支线飞机。

ARJ21-700 是 ARJ21 客机系列的基本型，为 70~90 座级双发动机中、短航程支线客机，是我国首次按照国际民航规章自行研制、具有自主知识产权的中、短程新型涡扇支线客机，也是中国首次按照 FAR25 申请 FAA 型号合格证的飞机。

该飞机于 2008 年 11 月在上海成功首飞，2014 年底完成适航取证，迈出投入商业运营前的最后一步。2016 年 6 月，ARJ21-700 交付成都航空公司，正式投入商业运营。

走马灯

将流体潜能转换成机械能的旋转式原动机。中国在南宋高宗绍兴年间已有走马灯的记载，它是涡轮或透平的雏形。15世纪末，意大利人达·芬奇设计出烟气转动装置，其原理与走马灯相同。走马灯上有平放的叶轮，下燃烛或灯，热气上升带动叶轮旋转。至17世纪中叶，涡轮或透平原理在欧洲得到较多的应用。

涡轮示意图

涡喷7系列航空发动机

事实上，ARJ21项目的更大意义在于为中国民机发展闯出一条路，为后续的大飞机项目奠定基础。

C919——再次冲击

在经历了完全自力更生和"以市场换技术"两条大飞机发展道路

的探索后，我国开始了对国产大飞机研制的再一次冲击。

2003 年，王大珩院士建议加快研制大飞机的步伐。2006 年，国务院将大型飞机重大专项确定为 16 个重大科技专项之一。

C919 中的"C"是 China 的首字母，也是中国商飞公司英文缩写 COMAC 的首字母，其寓意将与空中客车（Airbus）及波音（Boeing）形成 ABC 鼎立的格局；第一个"9"寓意"天长地久"，"19"代表客机的最大载客量为 190 座。C919 客机是建设创新型国家的标志性工程，具有完全自主知识产权。它属于 150 座级别的飞机，基本型混合级布局 158 座，全经济舱布局 168 座，高密度布局 174 座。

速度是描述物体运动快慢和运动方向的物理量。如果物体在 t 秒的时间内运动 s 米，则在这段时间内的平均速度为 $v=s/t$，在国际单位制中速度的单位是米/秒。一般来说，汽车的运动速度是 10～55 米/秒，人步行的速度是 1～1.5 米/秒，步枪子弹速度是 900 米/秒，地球围绕太阳运动的速度为 30000 米/秒，光速为 3×10^8 米/秒。

加速度是描述速度变化快慢的物理量。一个物体的速度变化快，人们称其加速度大；速度变化慢，人们称其加速度小。这里的速度变化包括大小和方向的变化。加速度在国际单位制中的单位是米/秒^2。

速度与加速度

C919 全机长 38.9 米，翼展 35.8 米，全机高 11.95 米。飞机驾驶舱采用 2 人驾驶体制，配置有大屏幕液晶显示器，采用侧杆操纵。飞机设计航程为 4075～5555 千米。设计经济寿命为 80000 飞行小时/

48000 起落架次 /25 个日历年。最大起飞重量 72.5 吨，最大商载 18.9 吨，标准商载 15 吨。巡航速度 0.78 马赫，最大使用速度 0.82 马赫，最大飞行高度 12 千米，巡航高度 1 万米。

C919 大型客机不仅具有完全自主知识产权，还具有更安全、更经济、更舒适、更环保等特性。由于飞机采用了先进的新一代发动机，不但巡航燃油消耗率大大降低，而且直接使用成本也较现役同类客机低 10%。此外，它大量采用复合材料，其第三代铝锂合金材料、先进复合材料在机体结构用量分别达到 8.8% 和 12%，这使得飞机整体减重 7% 以上，对提高航空公司的经济效益大有裨益。相较于国外同类型飞机 80 分贝的机舱噪声，C919 的噪声可望降到 60 分贝以下。

C919 使用的新一代发动机具有低噪声、低排放的特点，通过环保设计理念，有望将飞机的碳排放量较同类飞机降低 50%。在安全性上，C919 采用了大量先进技术，例如新颖的气动布局等，使安全性得到更好保障。

走进位于上海浦东的中国商飞公司基地部装车间，一架崭新的 C919 大型客机停放在车间中央，C919 客机的几百万零部件都要在这里"聚首"，完成总装。随后喷上乳白色的"外套"，待整装完毕后，拖到 3 千米外的专用试飞跑道，奔向蓝天。

大型客机被誉为"现代工业的皇冠"，其制造产业链覆盖机械、电子、材料、冶金、仪器仪表以及化工等工业门类，涉及数百个学科。据国外相关机构调查显示，现代社会大部分技术扩散案例中，

国产飞机 C919 和 ARJ21 首次完成双机编队飞行表演

钛合金

在钛（Ti）中添加一种或几种合金元素制造的合金。钛合金有密度低（低于4.6克/厘米^3）、比强度高[可达260兆帕/（克·厘米^2）]、耐蚀性好、弹性模量低、导热系数小、屈强比高（成形回弹大）、无毒无磁性、耐热性好、抗高/低温脆性好、可焊接、生物相容性好、表面活性大、表面可装饰性强等特性。

碳纤维

碳纤维主要用作树脂、碳、金属、陶瓷、水泥基复合材料的增强体。由碳纤维增强的复合材料，已广泛用于制作火箭喷管、导弹头部鼻锥、飞机和人造卫星结构件、密封材料、制动材料、电磁屏蔽材料和防热材料等。

60%的技术来自航空工业，它是典型的高技术、高附加值的高端装备业。如果将船舶单位重量创造的价值计为1，那么汽车是9，喷气式客机是800。

通过对C919的设计研制，我国掌握了民机产业5大类、20个专业、6000多项民用飞机技术，促进了航空工业跨越式发展，提高了自主创新能力，也带动了新材料、现代制造、先进动力、电子信息、自动控制以及计算机等领域关键技术的群体突破，形成"大飞机效应"，也掀开了中国制造的崭新篇章。

从这个角度看，C919的成功不单是一架飞机的起飞，也不仅是一个飞机型号的研制成功这么简单，而是中国航空产业和大飞机事业的起飞。据预测，未来20年，全球航空市场需要新增3万多架商用大飞机，总价值近 5 万亿美元。中国也会在未来 10 年内成为世界最大的航空运输市场。庞大的市场需求为国产大飞机发展提供了良好的机遇，集技术密集、资本密集、风险密集于一身的大飞机制造，也将为我国工业制造能力的全面提升注入一剂强心针。

第三章

无人机与未来

改变世界的空中精灵

半个多世纪以来，由于战争和商业需要，无人机在军用和民用领域均得到空前发展，一跃成为时下最火的科技"宠儿"，受到无数人的热捧。随着无人机技术的不断发展和成熟，它将更广泛地应用于土地规划、防灾减灾、国情监测、数字化城市建设、水利水电工程等领域。

无人机是无人驾驶飞行器的统称，通常简称无人驾驶飞机，其英文缩写为 UAV，它是利用无线电遥控设备和自备的程序控制装置操纵的不载人飞机，或者由车载计算机完全或间歇地进行自主操作。从技术角度看，无人机可以分为无人固定翼飞机、无人垂直起降飞机、无人飞艇、无人直升机、无人多旋翼飞行器、无人伞翼机等。与载人飞机相比，无人机具有体积小、造价低、使用方便、对飞行环境要求低等优点。

除了军事用途外，无人机也日渐在民用领域发挥起越来越大的作用。民用无人机是从 20 世纪 80 年代开始起步的，与军用无人机的百年发展历史相比要短得多。除了个人娱乐外，"无人机＋行业应用"是真正的刚需。在民用方面，近年来，我国无人机技术弯道超车，已处于世界领跑水平。

2021 年 7 月，河南发生特大洪涝灾害，灾区救援告急。我国大型无人机"翼龙 -2H"紧急出动，表现出色。在救灾过程中，巩义市米河镇多个村庄通信中断，应急管理部紧急调派无人机空中应急通信平台，历时 4.5 小时的跨区域长途飞行，抵达通信中断区，利用无人机搭载的移动公网基站，实现了约 50 平方千米范围内约 5 小时的稳定连续移动信号覆盖，打通了应急通信保障的生命线，网友直呼："这就是中国速度！"

当地面运输工具受限于特殊原因无法展开救援时，无人机可以快速运输药品、血液、逃生物资等紧急物品，快速对灾区空气和地表实施高效灭菌作业，随时进入灾区进行侦察和探测。除此之外，无人机

翼龙–2H 应急救灾型无人机系统

还可以挂载探照灯，帮助搜救人员在黑夜里找到等待救援的灾民，或者在火场附近高温、高湿环境下进行勘察作业，可勘察火势及人员被困情况，为消防搜救提供实时的现场信息，为救援争取时机。

航拍无人机是民用无人机当中最为常见的一个种类。如今，专门用于航拍的无人机可以实现"360°无死角拍摄"，在事件记录、新闻报道和视频制作等方面正发挥着越来越重要的作用。高性能的航拍无人机在提供稳定、高效的画质方面，已经开始取代航拍直升机的角色。影视制作行业使用无人机拍摄的成功案例比比皆是。自 2012 年开始兴起的航拍纪录片，如《航拍中国》等，更是让航拍无人机的应用得到了人们的认可。

无人机不仅能被用来记录精彩时刻，多架无人机编队还能呈现出动感立体的表演效果。通过编程，无人机编队能达到"不是烟花，胜似烟花"的效果。2021 年 6 月 30 日晚，1000 架无人机在广州完成了一场壮丽的灯光秀。表演的第一幕是无人机组成的广州中共三大会址纪念馆；随后，天空中出现紫荆花和莲花图案，象征 1997 年香港回归和 1999 年澳门回归；然后是北京鸟巢与"五环"图案、神舟十二号载人飞船和"七一勋章"图案；最后是光芒璀璨的数字"100"图案，再现中国共产党的百年奋斗路，为党的百年华诞献上祝福，惊艳广州夜空。

除了航拍和表演，我国的无人机在农业领域也做出了突出贡献。2021 年 8 月，北京市针对京西稻、玉米和樱桃开展无人机飞防及专业化统防统治作业。此次飞防不仅使用了生物药剂，还首次采用了无人

无人机表演

无人机应用在农业中

机投放天敌昆虫。农用植保无人机喷药作业则在距离作物 1.5~2 米的上方进行，依靠螺旋桨下压风场进行药品播撒，几乎不受地形影响，也不需要预留地面通道，不仅可以极大地提高施药效率，而且能减少药品用量，提高药品利用率。

> **海三棱藨草**
>
> 莎草科藨草属的植物多年生挺水或湿生草本植物。海三棱藨草具有消减波浪、固滩护堤和促进泥沙沉降的作用，其固碳能力也比较强，还为河口湾提供了大量碎屑，有利于维持河口生物多样性，亦是湿地水鸟的栖息地。

无人机还能帮助修复"地球之肾"——湿地。2021年3月，上海一家公司利用植保无人机，成功将1200万颗海三棱藨草种丸撒入浙江嘉兴平湖市白沙湾海堤附近，助力湿地修复。滨海湿地滩涂面积大，如果用人工播撒，一是效率低且压力不够，播下去的种子容易被潮水冲走；二是人工行走会留下脚印。无人机可以定点、定时播撒，将草种精确"射"入滩涂泥面，至少节省50倍的人力。使用无人机播种5个月后，这里的海岸线上已然形成了一条岸美、滩绿的生态化景观带。

无人机在输电线路运维等方面也起到了很大的作用。2021年6月，按照规划的航线，一架无人机在国家电网乌鲁木齐供电公司220千伏老满城变电站执行精细化巡检任务。飞行航点覆盖断路器、隔离开关、电压互感器、电流互感器、变压器、穿墙套管、绝缘子、避雷针及龙门架等全站室外设备，共计100余个。过去，一个人需要花费4.5小时才能完成一个220千伏变电站的巡视；如今，采用无人机自主巡视，巡视时间缩短至几十分钟。变电站的无人机自主巡视对人工巡视的替代率达到了79%，大大提高了巡视效率。

利用无人机进行测绘，操作简单，大大节省了人力、物力，提高了测绘效果。2021年3月，广西玉林市自然资源规划测绘信息院借助无人机，只用一周左右就完成了一次农村"房地一体"不动产确权登记工作，比传统全野外测量，即人工手持仪器逐户测量，在时间上缩短了 20 天以上。利用无人机倾斜摄影测量和激光雷达空中测量这两项技术，即可快速获得农村住房的占地面积、建筑面积、高度、外围地形地貌以及地理坐标等详细信息。

　　无人机测绘不仅能进行地理测绘，还能模拟"重建"古建筑。2021 年 3 月，无人机公司与武汉大学张祖勋院士团队合作，为山西大同悬空寺建立高精度实景三维模型。悬空寺主体利用峭壁的凹凸部分巧妙地依势而建，其险峻的地理位置对寺庙的三维建模工作是一项巨大的挑战。利用无人机重建的三维模型做到了精准还原建筑内的错落变化，大到滑坡，小至建筑内的一根木头断裂，皆可清晰重现。无人机航测不仅能提供有针对性的修复依据，还能助力文物古迹的数字化，推动文物的研究、分析及保护工作。

无人机运送包裹示意图

　　无人机也被用来打击非法犯罪行为。我国已有科技公司发布了无人机载多光谱罂粟巡查系统，可有效识别处于拔节期、现蕾期、花期及果期的罂粟植株。2021年6月，青海果洛州班玛县公安局禁毒大队民警就利用无人机对辖区内各小区花园、移民区、废弃院落等地进行全面巡检，发现并铲除野生罂粟花80余株，确保了不留死角。2021年7月，浙江省宁波市生态环境局慈溪分局龙山所的执法人员利用无人机拍摄到了隐蔽在大面积农田中的非法排污点，并锁定了利用复杂环境的掩护逃窜的作坊员工。也是在这一年的3月，安徽省合肥市公安局蜀山分局巧妙运用无人机侦察，成功剿灭了隐藏在荒野中的流动赌博窝点。

未来国土调查的智能伙伴

　　无人机凭借着快速、灵活和高效的特点，未来将更多地参与到国土调查工作中，并以厘米级精度、实景三维还原、智能数据分析等特殊能力，替代部分传统卫星遥感的工作，成为我们的智能伙伴。

遥感

　　是一种在高空或远距离处，利用传感器接收物体辐射的电磁波信息，经加工处理后得到用电子仪器或电子计算机能够识别的图像，揭示被测物体的性质、形状和变化动态的探测方法。

　　由遥感器、遥感平台、数据传输系统以及信号处理和判读设备组成。遥感器由许多测量仪器组成，它们能够测量记录被测物体的物理、化学和生物信息的电磁波，将其转换为遥感图像或数据；数据传输系统将信息送给信号处理和判读设备进行分析处理，然后就能将测量物体清晰地显示出来。遥感平台是安装遥感器的飞行器，最早使用的是气球和飞机，后来又使用卫星和航天飞机。根据遥感器工作的电磁波波段，遥感分为可见光遥感、红外遥感、多谱段遥感、紫外遥感和微波遥感等。

无人机发展概述

1917 年，世界上第一架无人驾驶飞机研制成功，早期功能主要是服务于辅助航空设计任务。到了 20 世纪末，世界上各个国家的无人机开发进入百花齐放的阶段，各种型号的无人机多达几百种，其性能和成本根据其用途差异甚大。在无人机的产业发展上，美国开发得最为全面和精细，长期处于行业领先地位。美军最早在越南战争中使用无人机开展监视侦察，并在随后的多次战争中进行了广泛应用，有效减少人员伤亡。随着后续无人机遥感系统愈发成熟，基于无人机遥感技术的新型航空摄影测量技术在各个领域得到快速应用。

我国无人机遥感应用的起步不算太晚。在 20 世纪 80 年代初，西北工业大学就开始了固定翼无人机的航空作业测试。20 世纪 90 年代，中国测绘科学研究院就部署和展开了民用无人机的研制和测试工作，并将其应用于测绘领域。同时，无人机遥感技术在中国起步并快速发展起来。2000 年进入新的世纪后，我国的无人机技术发展十分迅猛，无论是军用侦察和攻击无人机，还是民用航摄无人机都有了很大的提升，并逐步走向国际市场。特别是在消费级民用航摄无人机方面，大疆无人机占据了世界绝大部分市场。随着无人机技术、摄影测量技术快速发展，无人机和载荷的安全性、智能化逐步成熟，使其应用领域得到了极大的拓展，而其垂直摄影测量技术和倾斜摄影测量技术生产的数据成果已经成为了测绘信息数字成果的主要产品。无人机航摄以其灵活丰富的特点，有效地弥补了传统遥感和航空遥感的缺点，得到了各个行业的重视。尤其近年来无人机在地质灾害和国土调查工作中的运用更加深入和广泛。

无人机在国土调查中的应用优势与前景展望

无人机航摄目前已经大量应用到土地调查和测量工作中。比如目前我们在全国开展的土地督察、房地一体测量、土地确权、不动产登记等任务中，无人机凭借自身的优势，极大地减少了内外业工作量，提高了调查的精度和效率。

目前，利用成熟的无人机航摄设备，单人便可独立开展任务区域的野外作业任务，并及时将获取的数据发给内业人员处理，基本实现内外作业同步实施。

使用无人机获取的数据更为直观、立体，精度更高。相对传统测量，无人机航摄获取的数据更为直观，便于后期解译和修改。通过无人机倾斜摄影技术，获取的成果数据不仅精度相对卫星遥感更高（达到厘米级），同时也能建立更为立体直观的三维模型，让调查工作更加精准可靠。

无人机技术的应用将解决传统测量工作和卫星遥感的部分难点和痛点。比如目前无人机技术在无人区、高山峡谷等条件恶劣的地区，可以完成人力无法完成的任务。同时，无人机可以在极短的时间内，利用不同的观测手段对目标区域进行高精度的反复调查和测量，弥补遥感卫星周期较长、模式单一的缺陷。

基于无人机精确高效、手段丰富的特点，我们可以展望无人机在国土调查中的新趋势。

首先，无人机调查的工作手段将逐步取代传统调查方式。随着无人机技术的进一步发展和普及，其获取的数据将更加精准和丰富，可利用的价值将进一步增加。当数据处理和分析技术进一步增强和提高时，绝大部分靠人力外业调查的工作，将在室内解译分析完成。

其次，无人机在国土调查中的应用领域将进一步拓展。无人机技术的提升，离不开其搭载的载荷技术水平的提高。比如，多光谱、高光谱、热红外、激光雷达、能谱仪等仪器，目前已经能够搭载在小型的无人机设备中，这也使得无人机能够完成的任务得到不断增强和丰富。同时，无人机本身飞行和控制技术的发展，比如变高飞行、环绕飞行、贴地飞行等模式的推出，也使无人机的探测能力得到提高，从而拓展了无人机在国土调查中的应用领域。

再次，实现国土调查立体化。倾斜摄影技术的发展无疑是以后数字城市、智慧城市实现的重要技术支撑。同样，在国土调查任务中，无人机倾斜摄影技术获取三维实景，将为我们的工作人员带来更为真实的目标及环境信息。

最后，实现智能化、物联化调查。人工智能、物联网技术的融合，是无人机和国土调查共同的发展方向。随着针对行业调查的人工智能芯片的成熟和推出，未来无人机的调查工作将更加出色。无人机系统将能够在获取数据的同时，实时发现和分析我们的调查目标，使得大幅度减少后期数据处理任务和目标对象实时监测成为可能。同时，随着北斗、5G、卫星通信等信息技术的发展，无人机获取的有效数据将能够实时接入国土调查大数据系统进行大数据分析，使调查的实时性得以实现。